마이크로비트 & 나두이노로
만드는 스마트 홈!

마이크로비트 & 나두이노로 만드는 스마트홈!

초판 1쇄 발행 2022년 11월 30일

지은이 강영진, 김정화, 신윤경, 아이씨뱅큐
펴낸이 아이씨뱅큐
펴낸곳 아이씨뱅큐
출판등록 제2020-000069호

디자인 이현
편집 이은지
검수 서은영, 이현
교정 김우연
마케팅 심은주, 고은빛, 정연우

주소 서울시 금천구 두산로 70 현대지식산업센터 A동 2301호 아이씨뱅큐
전화 070-7019-3900
팩스 02-9098-9393
이메일 shop@icbanq.com
홈페이지 www.icbanq.com

ISBN 979-11-972615-3-4(13550)
값 18,000원

- 이 책의 판권은 지은이에게 있습니다.
- 이 책 내용의 전부 또는 일부를 재사용하려면 반드시 지은이의 서면 동의를 받아야 합니다.
- 잘못된 책은 구입하신 곳에서 바꾸어 드립니다.

센서에 대한 이해와 응용력이 올라가요 UP!

마이크로비트 & 나두이노로 만드는 스마트 홈!

강영진, 김정화, 신윤경, 아이씨뱅큐 지음

10가지 예제로 만나는 스마트홈

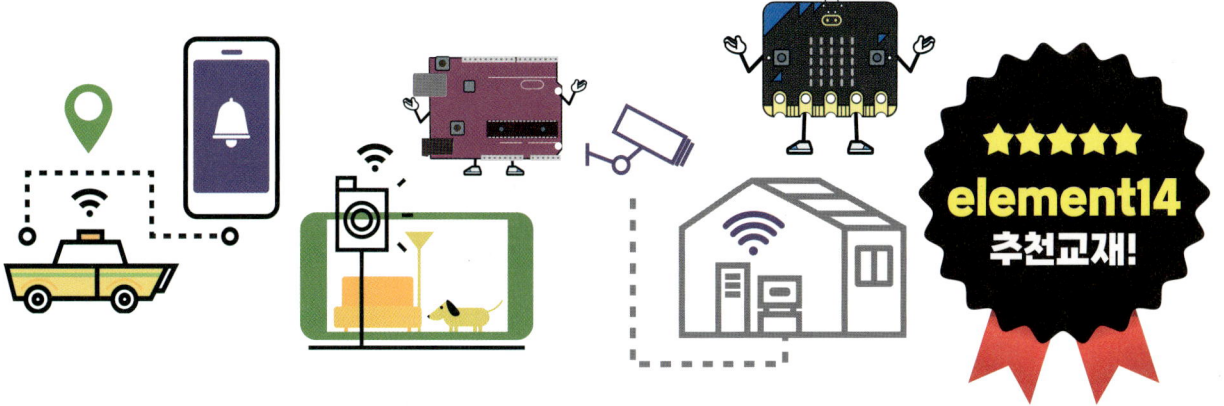

★★★★★
element14
추천교재!

머릿말

최근 카페나 음식점에 갔을 때, 예전과 다른 모습들이 많습니다.
키오스크를 이용하여 주문을 하고, 로봇 바리스타가 취향에 맞는 커피를 만드는 시대를 보며, 정말 세상이 많이 바뀌었구나 하고 생각했던 기억이 나네요.

이번 교재는 주제를 정할 때부터 고민을 많이 했던 거 같습니다. 이렇게 변해가는 시대의 모습을 따라, 학교에서는 코딩 수업이 정규 수업으로 진행되고 있고, IoT 관련 교재들이 굉장히 많이 출간이 되고 있는데, 어떻게 하면 더 쉽고 재미있게, 또 교육하는 데 도움이 되는 내용으로 구성할 수 있을까 생각을 많이 했던 것 같습니다.

오랜 고민 끝에, 피지컬 컴퓨팅을 처음 시작하는 모든 분들이 성장할 수 있도록 도움을 드릴 수 있는 책으로 만들자고 결정을 하고, 'IoT 스마트홈'이라는 다소 어렵게 느껴질 수 있는 주제를 좀 더 즐거운 메이킹으로, 좀 더 눈높이를 낮추어 만들어 보기로 하였습니다.

처음 코딩을 시작하는 학생은 블록코딩이 가능한 마이크로비트를 이용하여 쉽고 재미있게 피지컬 컴퓨팅을 경험해 보고, 같은 내용으로 아두이노로 만들어 보면 회로를 이해하기도 쉽고, 직접 구성해 보기도 어렵지 않을 것이라 생각했습니다.
여기에 AI 렌즈인 허스키렌즈까지 활용하여, 인공지능까지 공부를 할 수 있도록 구성하였습니다.
활동의 주제 역시 생활 속에서 충분히 발생할 수 있는 다양한 내용을 기반으로 구성하였고, 실제로 우리집에 접목시켜 스마트 홈을 만들어 볼 수 있도록 하여 피지컬 컴퓨팅에 대한 막연한 두려움을 줄여 보고자 하였습니다.

이 책이 피지컬 컴퓨팅을 시작하는 모든 분들께 도움이 되었으면 좋겠습니다.

Contents

머리말 4

1장. 현관 자동 감지등   7

2장. 화장실 에티켓 지킴이   27

3장. TV 거리 지킴이   47

4장. 자동 블라인드   69

5장. 미세먼지 감지기   85

6장. 무드등   109

7장. 도난 경보기   133

8장. 가스 안전 지킴이   155

9장. 간식창고 지킴이   171

10장. 반려동물 자동 배식기 with 허스키렌즈   199

부록. 허스키렌즈 설정 및 펌웨어 업데이트하기   235

현관 자동 감지등

집에 딱 들어갔을 때 너무 어두우면 조금 무섭지 않나요? 이럴 때 자동으로 불이 켜지는 장치가 있다면 너무 좋겠지요? 혹은 한밤중 물을 마시고 싶어 일어났을 때 거실로 나가려면 무섭지 않나요? 이럴 때 자동으로 불이 켜지면 좋지 않을까요?
PIR센서를 이용하여 자동으로 불이 켜지는 자동 감지등을 만들어 보겠습니다.

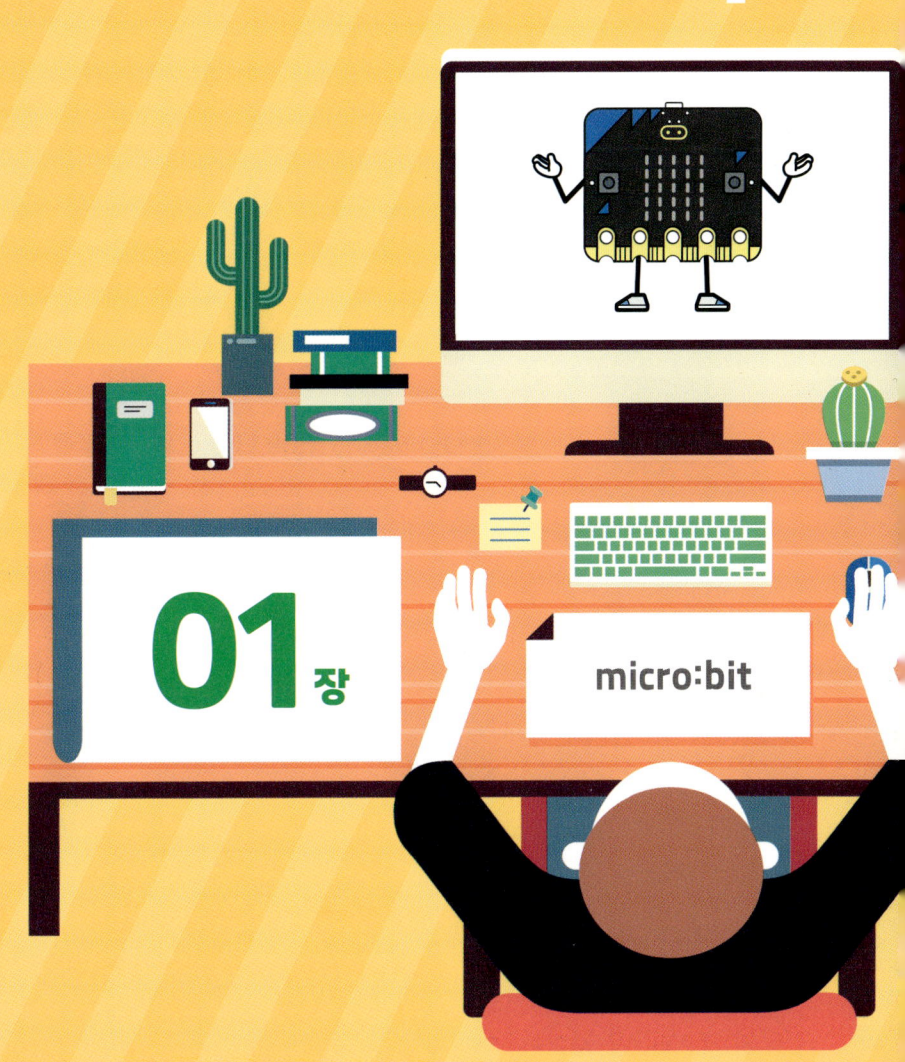

01 현관 자동 감지등

1 RGB LED와 PIR센서 알아보기

1. RGB LED란?

LED(Light Emitting Diode)는 전류를 가하면 빛을 내는 반도체 소자를 말하는데 보통 하나의 LED는 한 가지 색만 표현합니다. 반면 RGB LED는 빨간색(Red), 파란색(Blue), 녹색(Green) 3개의 LED를 하나의 LED로 합친 것을 말하고 각각의 색을 합성하여 다양한 색을 표현할 수 있습니다.

LED는 저항과 함께 사용해야 하지만 이 작품에서는 RGB LED 모듈을 사용하도록 하겠습니다.

빨간색 LED   RGB LED   RGB LED 모듈

2. PIR센서란?

인체감지센서(PIR: Passive InfraRed Sensor)는 적외선을 이용하여 사람의 움직임을 감지하는 센서입니다. 사람은 약 9㎛~11㎛ 정도의 적외선을 방출하는데 방출된 적외선이 인체감지센서의 Fresnel Lens를 통과하여 센서 표면부에 위치한 Window에 닿게 되고 전압으로 출력됩니다. 즉, 인체감지센서가 사람의 움직임을 감지하면 1의 값을 출력하고 움직임을 감지하지 않으면 0을 출력합니다.

PIR센서 모듈   PIR센서 원리

학습목표	PIR센서와 마이크로비트를 이용하여 자동으로 불이 켜지는 현관 조명을 만듭니다.
핵심 키워드	마이크로비트, PIR센서, 자동 감지등
준비물	마이크로비트, 브레이크아웃보드※, PIR센서 모듈, RGB LED 모듈, FF 점퍼 케이블, 3색 전용 케이블, USB 데이터 케이블, 배터리팩, AAA 배터리 2개 ※ 확장보드는 가지고 있는 확장보드를 사용하면 됩니다.
학습 시간	회로 구성: 5분 소프트웨어 코딩: 10분 메이킹: 20분
학습 난이도	★☆☆☆☆

1. 기능 구현

1. 기능 정의
- 움직임이 감지되면
   - RGB LED에 불이 켜짐.
   - 5초 후 불이 꺼짐.
- 움직임이 감지되지 않으면
   - RGB LED는 꺼진 채 유지

2. 회로 구성

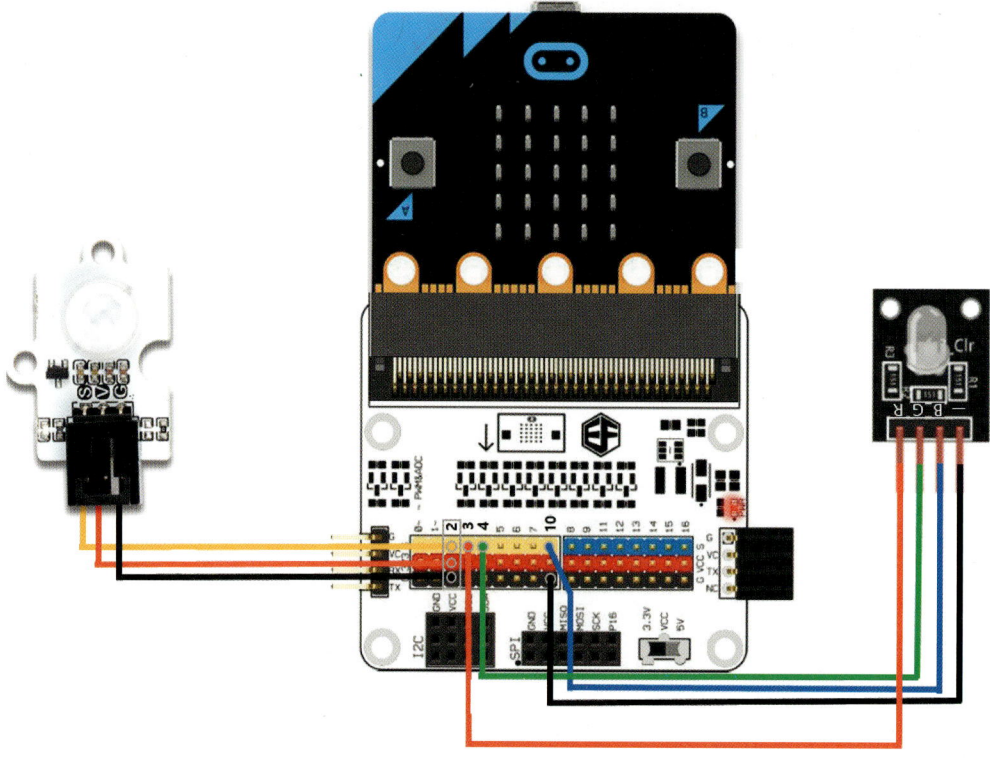

마이크로비트	PIR센서 모듈
GND	GND
3V	VCC
2	OUT

마이크로비트	RGB LED 모듈
GND	-
3	R
4	G
10	B

 **Tip**

본 책에서는 마이크로비트 버전 V2.00을 사용했습니다. 다른 버전의 마이크로비트일 경우 같은 코드여도 다른 결과를 보여줄 수 있음을 미리 알려드립니다.

3. 기능 구현

1. MakeCode 편집기를 실행합니다. [URL] https://makecode.microbit.org/
2. 프로젝트 이름을 "1_자동감지등"으로 저장하고 새 프로젝트를 생성합니다.

⏰ **여기서 잠깐!** - RGB LED에 대해서 알아봅니다.

RGB LED는 빨강, 초록, 파랑을 다양한 방식으로 조합하여 다양한 색상을 나타낼 수 있는 LED입니다. R은 Red, G는 Green, B는 Blue를 나타냅니다.
모듈타입이 아닌 경우 저항과 같이 사용해야 합니다.

또한 common cathode 타입(-)과 common anode 타입(+)이 있습니다. 모듈에 표시된 값(- 또는 +)을 꼭 확인하고 연결해야 합니다.

움직임이 감지되지 않으면 조명은 꺼진 상태를 유지하므로 RGB LED가 꺼져 있는 상태로 시작됩니다.
시작하면 실행에서 R, G, B가 연결된 핀 각각에 0 값을 설정합니다.
RGB LED는 디지털 출력으로도 제어가 가능하고 아날로그 출력으로도 제어가 가능합니다. 이번 장에서는 아날로그 출력으로 제어를 하도록 하겠습니다.

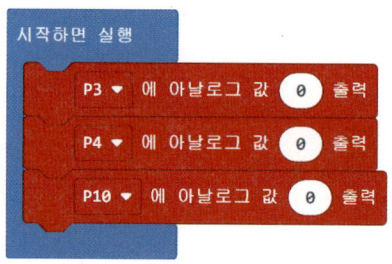

무한반복 실행 블록 안에 PIR센서(PIN 2)의 값에 따라서 RGB LED를 켜는 코드를 추가합니다. PIR센서가 움직임을 감지하면 LED가 켜지고 5초 동안 유지됩니다.
아날로그 출력값은 0 ~ 1023의 범위를 가지며, 1023에서 LED가 가장 밝은 빛을 내게 됩니다.

마이크로비트에 코드를 다운로드하여 동작을 확인합니다.

2 메이킹

이 교재에서 다룰 메이킹 과정은 한마디로 "스마트 홈"입니다.

예전과 다르게 요즘 집이나 사무실 등에서도 IT기술이 접목되어 매우 편리해지고 있어요.

그래서 우리도 코딩을 통해 좀 더 스마트해진 집을 꾸며 볼까 합니다.

스마트 홈으로 이사할 친구는 레비입니다.

레비의 새집을 꾸며 볼까요?

그럼 먼저 우드락 보드지나 재활용 박스를 이용하여 나만의 집을 만들어 보세요.

저희는 보드지를 이용해서 현관, 화장실, 주방, 거실, 방을 만들었습니다.

창문도 만들고 거실 소파의자, 테이블, 침대 등… 예쁘게 꾸며 보았어요.

그럼 1장에서는 현관 자동 감지등을 만들어 봐요.

레비가 소파에 앉아 있네요~
집 전체 사진입니다.

집이나 사무실 등 모든 곳에서 현관과 입구가 제일 중요합니다.
그래서 사람이나 동물 등 물체를 감지하면 불이 켜지는 기능들이 많습니다.
깜깜한 밤 집에 들어갈 때 불이 먼저 켜지면 무섭지 않겠죠?

현관 위쪽에 PIR센서 모듈과 RGB LED 모듈을 장착했습니다.

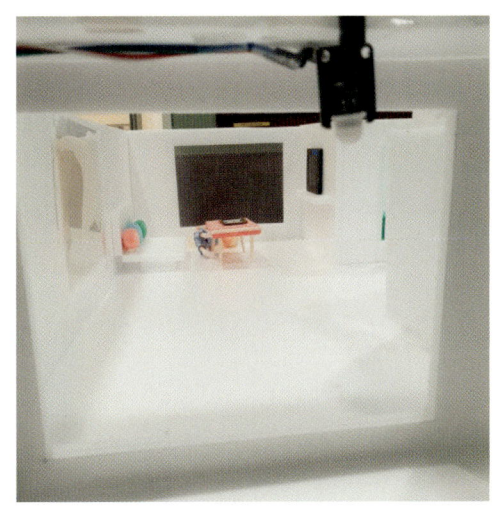

현관에서 바라본 집 내부 사진입니다.
거실에서 누가 들어왔는지 LED가 켜져서 잘 알 수 있겠죠?

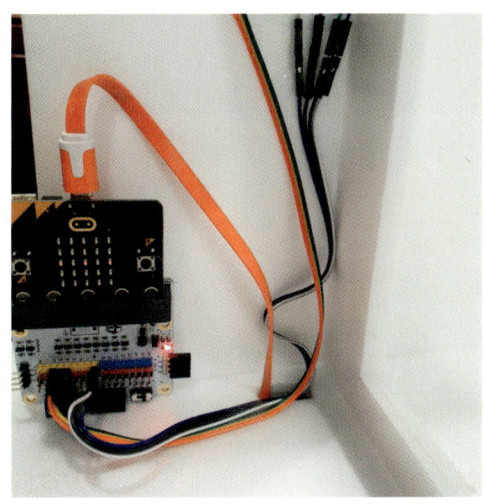

왼쪽 벽면에 마이크로비트를 장착했습니다.
바닥면에 구멍을 뚫어서 배터리팩과 연결 케이블을 정리했습니다.
여기에서는 마이크로비트 장착과 동작을 확인하기 위해 벽면에 장착하였지만 바닥 아래쪽으로 장착하여 보이지 않게 하면 더 깔끔하겠죠?
이제 전체 사진을 보실까요~ 레비가 현관에 서 있네요.

다음으로, 아두이노를 이용해서 현관 자동 감지등을 만들어 보겠습니다!

 **아두이노 따라 하기**

학습목표	PIR센서와 아두이노를 이용하여 자동으로 불이 켜지는 현관 조명을 만듭니다.
핵심 키워드	아두이노, PIR센서, 자동 감지등
준비물	아두이노 우노 보드, PIR센서 모듈, RGB LED 모듈, USB-B 데이터 케이블, 미니 브레드 보드, FM점퍼선, MM점퍼선
학습 시간	회로 구성: 5분 소프트웨어 코딩: 10분 메이킹: 20분
학습 난이도	★☆☆☆☆

1. 기능 구현

1. 기능 정의
- 움직임이 감지되면
    - RGB LED에 불이 켜진다.
    - 5초 후 불이 꺼진다.

- 움직임이 감지되지 않으면
    - RGB LED는 꺼진 채 유지한다.

2. 회로 구성

아두이노 우노 보드	RGB LED 모듈
D9	R
D10	G
D11	B
GND	-

아두이노 우노 보드	PIR센서 모듈
GND	GND
5V	VCC
D4	OUT

3. 스케치 작성

1. 아두이노 IDE를 시작합니다.
2. 프로젝트 이름은 "1_automatic_detection_light"로 저장합니다.

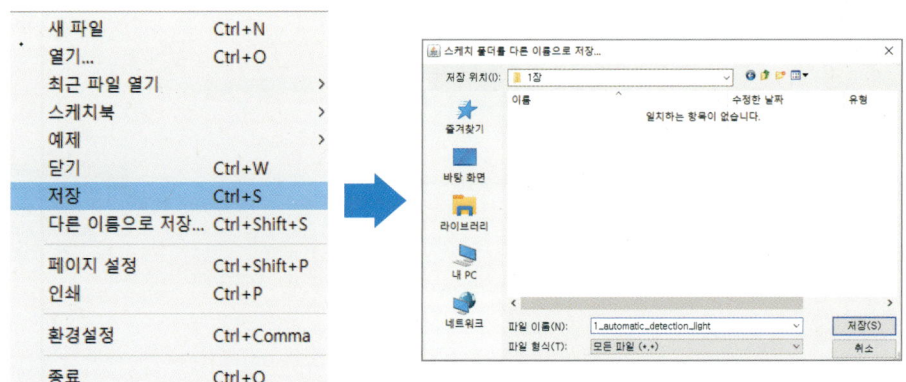

3. 소스 코드

가. 변수 선언하기

- RGB LED 사용을 위한 변수를 선언하고 핀번호를 설정합니다.
- PIR센서 사용을 위한 변수를 선언하고 핀번호를 설정합니다.

```
int R_LED_pin = 9;      //red led 9번핀 사용
int G_LED_pin = 10;     //green led 10번핀 사용
int B_LED_pin = 11;     //blue led 11번핀 사용
int PIR_pin = 4;        //PIR 센서 4번핀 사용
```

나. setup( ) 함수

- **pinMode**(pin, mode)
  - 아두이노의 특정핀을 입력 또는 출력으로 동작하도록 설정합니다.
  - pin: 모드를 설정하려는 핀번호
  - mode: INPUT, OUTPUT, INPUT_PULLUP

* pinMode(pin, mode)의 mode 상세 설명
- INPUT: 아두이노의 디지털 핀을 입력모드로 설정할 때 사용합니다.
- OUTPUT: 아두이노의 디지털 핀을 출력모드로 설정할 때 사용합니다.
- INPUT_PULLUP: 아두이노의 디지털 핀을 입력모드로 설정할 때 사용하며
  이때 아두이노에 내장되어 있는 저항을 사용합니다.

아두이노 레퍼런스: https://www.arduino.cc/reference/en/

- **Serial.begin**(speed)
  - 시리얼통신을 9600 보드레이트 속도로 시작합니다.
  - speed: 전송속도, 초당 비트수

```
void setup() {
  pinMode(R_LED_pin, OUTPUT); //red led 핀모드 설정
  pinMode(G_LED_pin, OUTPUT); //green led 핀모드 설정
  pinMode(B_LED_pin, OUTPUT); //blue led 핀모드 설정
  pinMode(PIR_pin, INPUT);    //PIR 핀모드 설정
  Serial.begin(9600);
}
```

다. loop( ) 함수

- **digitalRead**(pin)
  - 지정한 디지털 핀에서 값을 읽어 옵니다.
  - pin: 읽으려는 디지털 핀번호
  - 반환값: HIGH 또는 LOW
- **Serial.println**(data)
  - 시리얼통신으로 데이터 출력합니다.
  - data: 출력할 데이터
- **analogWrite**(pin,value)
  - 지정한 아날로그 핀에 값을 씁니다.
  - pin: 출력할 핀
  - value: 0~255, 자료형: int
- **delay**(ms)
  - 시간 간격을 설정합니다.
  - ms: 밀리초, 1000ms = 1초

```
void loop() {
  int pir_value = digitalRead(PIR_pin);
  Serial.println(pir_value);
  if(pir_value){          // 움직임이 감지되어 RGB ON
    analogWrite(R_LED_pin, 255);
    analogWrite(G_LED_pin, 255);
    analogWrite(B_LED_pin, 255);
    delay(5000);
  }else{                  // 움직임이 감지되지 않아 RGB OFF
    analogWrite(R_LED_pin, 0);
    analogWrite(G_LED_pin, 0);
    analogWrite(B_LED_pin, 0);
  }
}
```

→ PIR센서가 움직임이 감지하면 RGB LED가 켜진다(5초 동안 유지).

→ PIR센서가 움직임을 감지하지 않으면 RGB LED는 꺼진다.

⏰ 여기서 잠깐!

* setup( ) 함수와 main( ) 함수의 차이점
  - setup( ) 함수는 프로그램이 실행될 때 가장 먼저 호출되는 함수로 최초 1회만 실행되며 변수를 선언하거나 초기화를 위한 코드를 포함합니다.
  - main( ) 함수는 setup( )함수 호출 이후 호출되는 함수로, 블록 안의 코드를 무한 반복 실행하는 함수입니다.

전체 코드

```
int R_LED_pin = 9;    //red led 9번핀 사용
int G_LED_pin = 10;   //green led 10번핀 사용
int B_LED_pin = 11;   //blue led 11번핀 사용
int PIR_pin = 4;      //PIR 센서 4번핀 사용

void setup() {
  pinMode(R_LED_pin, OUTPUT);  //red led 핀모드 설정
  pinMode(G_LED_pin, OUTPUT);  //green led 핀모드 설정
  pinMode(B_LED_pin, OUTPUT);  //blue led 핀모드 설정
  pinMode(PIR_pin, INPUT);     //PIR 핀모드 설정
  Serial.begin(9600);
}

void loop() {
  int pir_value = digitalRead(PIR_pin);
  Serial.println(pir_value);
  if(pir_value){        // 움직임이 감지되면 RGB ON
    analogWrite(R_LED_pin, 255);
    analogWrite(G_LED_pin, 255);
    analogWrite(B_LED_pin, 255);
    delay(5000);
  }else{                // 움직임이 감지되지 않으면 RGB OFF
    analogWrite(R_LED_pin, 0);
    analogWrite(G_LED_pin, 0);
    analogWrite(B_LED_pin, 0);
  }
}
```

4. 보드와 포트 설정하기

가. [툴] → [보드] → [Arduino Uno]를 선택합니다.

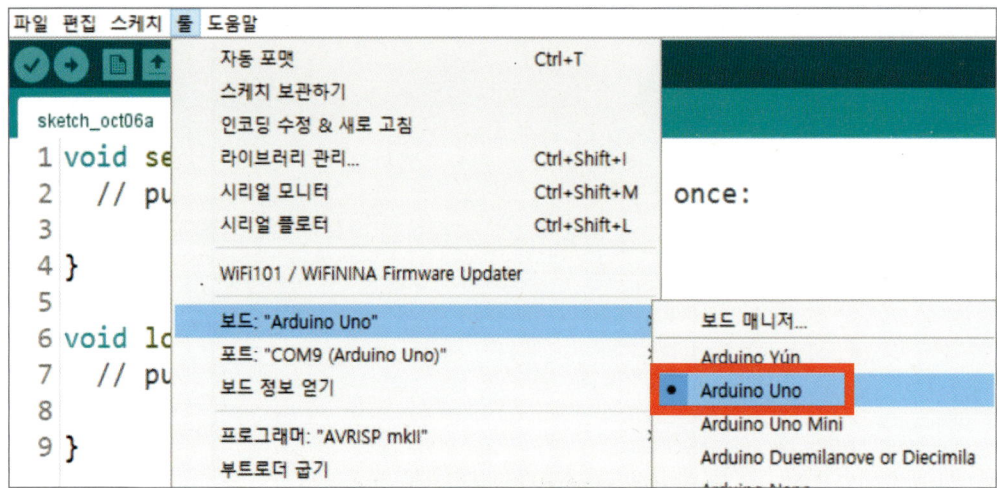

나. [툴] → [포트] → [COM9(Arduino Uno)]를 선택합니다.

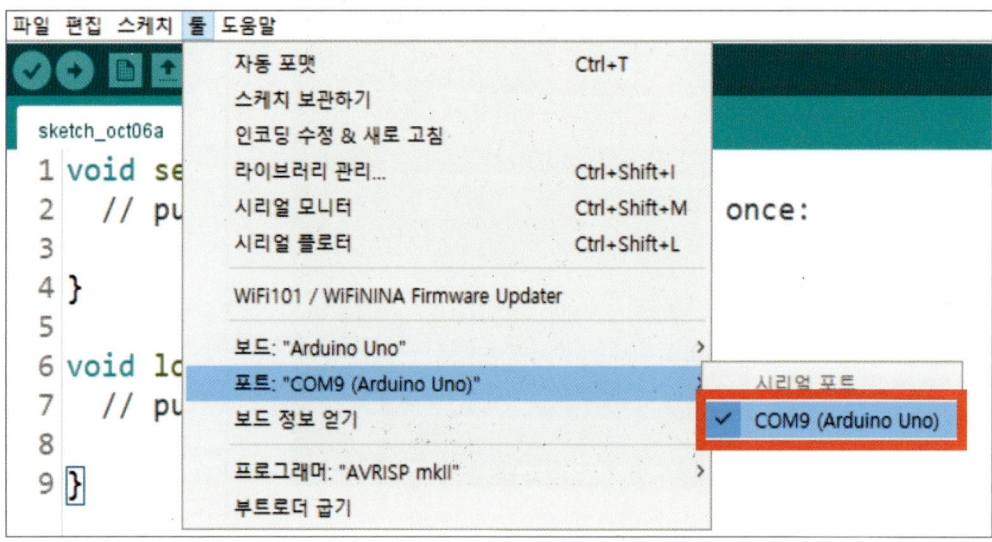

 Tip

• 아두이노 보드가 연결된 포트는 다를 수 있습니다.

5. 컴파일 및 업로드하기

가. [확인] 버튼을 눌러 컴파일을 수행합니다.

나. [업로드] 버튼을 눌러 업로드를 수행합니다.

⏰ 여기서 잠깐!

* 컴파일과 업로드
  - 컴파일이란?
    프로그래머가 작성해 놓은 프로그램을 컴퓨터에서 실행할 수 있는 기계어 프로그램으로 변경하는 과정을 말합니다.
  - 업로드란?
    컴파일 작업을 통해 변경된 기계어 프로그램을 아두이노 보드에 이동하는 작업을 말합니다.

6. 시리얼 모니터로 센서값 확인하기

[시리얼 모니터] 버튼을 눌러 시리얼 모니터를 열어 줍니다.

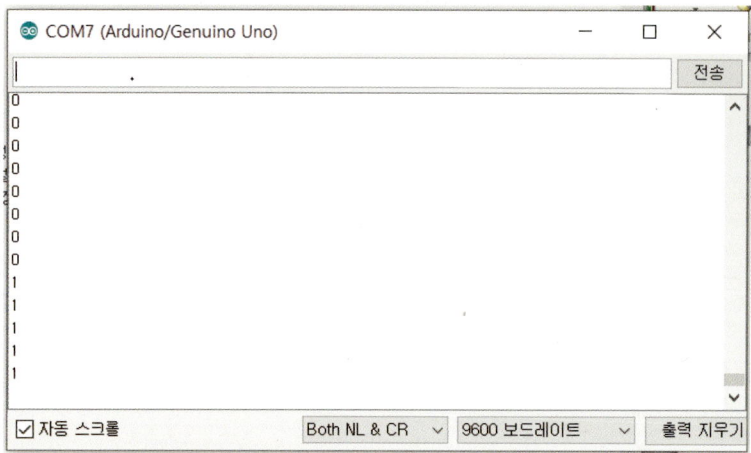

⏰ 여기서 잠깐!

* 컴퓨터와 아두이노 시리얼 통신하기

- 컴퓨터와 아두이노를 USB 데이터 케이블로 연결하면 아두이노에 전원을 공급하고, 스케치 프로그램을 업로드하거나, 시리얼통신으로 아두이노의 상태를 확인할 수 있습니다.
- 즉, 아두이노 IDE의 시리얼 모니터를 통해 아두이노에 연결되어 있는 센서값을 확인하거나 프로그램 중간에 값을 출력하여 프로그램이 정상 동작하는지 확인하여 잘못된 부분을 찾을 수 있습니다.

3 메이킹

전체 메이킹은 마이크로비트 과정하고 동일합니다.

아두이노 장착 사진입니다.

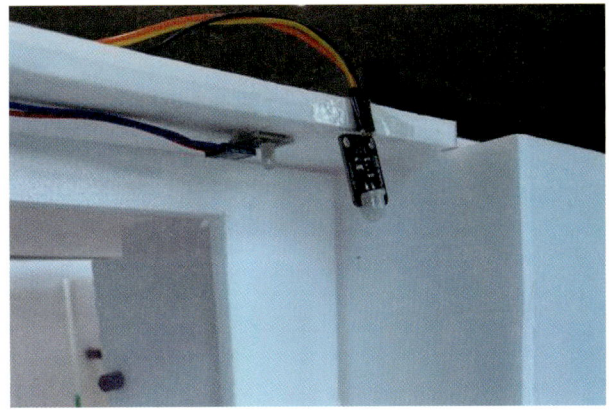

현관 위쪽에 PIR센서 모듈과 RGB LED 모듈을 장착했습니다.

레비가 현관에 서 있는 모습입니다.

이제 현관 공사가 잘 끝났어요.
그럼 화장실 공사를 하러 가 볼까요?

화장실 에티켓 지킴이

화장실을 이용하려고 할 때 불은 켜져 있는데, 사람이 있는지 없는지 헷갈리거나, 혹은 노크를 해도 대답이 없는 것 같을 때가 있죠.
이때 화장실 안쪽에 사람이 있는지 없는지 알려 주는 장치가 있다면 고민할 필요가 없겠죠?
오늘은 PIR센서(모션 감지 센서)를 이용하여 화장실 에티켓 지킴이를 만들어 보겠습니다.

02 화장실 에티켓 지킴이

1 도트 매트릭스 알아보기

1. 도트 매트릭스란?

도트 매트릭스는 LED가 매트릭스 형태로 배치되어 있고 각각의 LED를 제어하여 다양한 문자나 기호, 그림 등을 표현할 수 있는 출력장치입니다. 보통 8×8 형태의 도트 매트릭스를 사용하며, 도트 매트릭스를 옆으로 연결해서 사용하기도 합니다.
도트 매트릭스는 주로 지하철 안내 표시등과 같은 디지털 전광판에 사용됩니다.

마이크로비트 따라 하기

학습목표	PIR센서와 8×8 LED 도트 매트릭스를 이용하여 화장실 에티켓 지킴이를 만듭니다.
핵심 키워드	마이크로비트, PIR센서, 8×8 LED 도트 매트릭스
준비물	마이크로비트, 센서비트, PIR센서 모듈, 8×8 LED 도트 매트릭스 모듈, USB 데이터 케이블, 배터리팩, AAA 건전지 2개
학습 시간	회로 구성: 5분 소프트웨어 코딩: 20분 메이킹: 20분
학습 난이도	★☆☆☆☆

1. 기능 구현

1. 기능 정의

움직임이 감지되면

　- 8×8 LED 도트 매트릭스에 "슬픈 얼굴"

움직임이 감지되지 않으면

　- 8×8 LED 도트 매트릭스*에 "웃는 얼굴"

(*: 이하 도트 매트릭스로 칭함)

2. 회로 구성

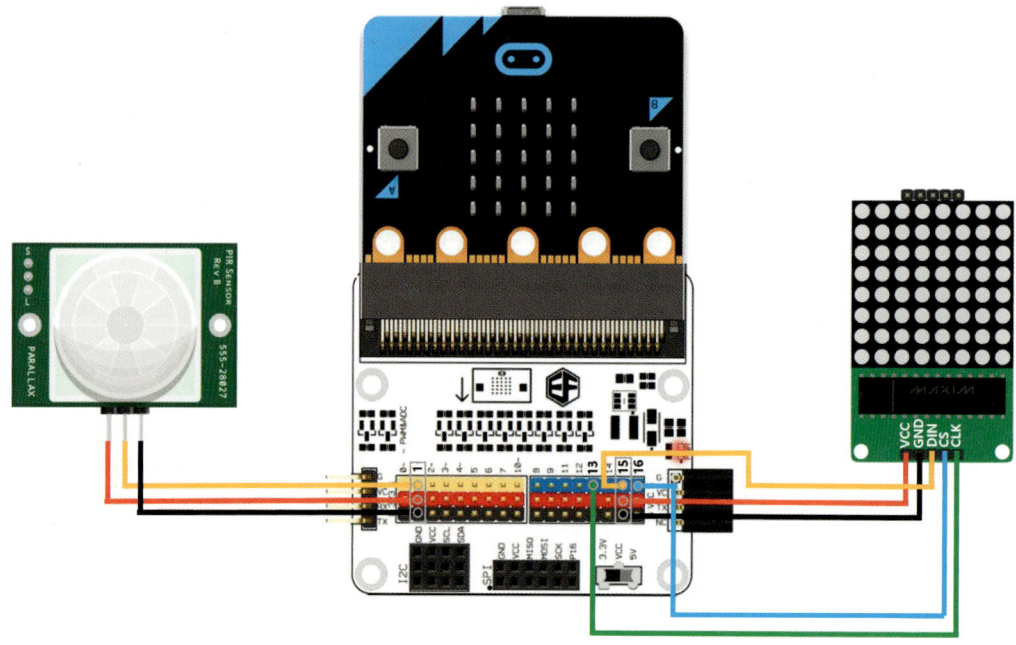

마이크로비트	도트 매트릭스 모듈
3V	VCC
GND	GND
15	DIN
16	CS
13	CLK

마이크로비트	PIR센서 모듈
GND	GND
3V	VCC
1	OUT

3. 기능 구현

1. MakeCode 편집기를 실행합니다. [URL] https://makecode.microbit.org/
2. 프로젝트 이름을 "2_화장실에티켓"으로 저장하고 새 프로젝트를 생성합니다.
3. 확장 → "dot" 검색하여 도트 매트릭스 확장 블록(MAX7219_8x8)을 추가합니다.

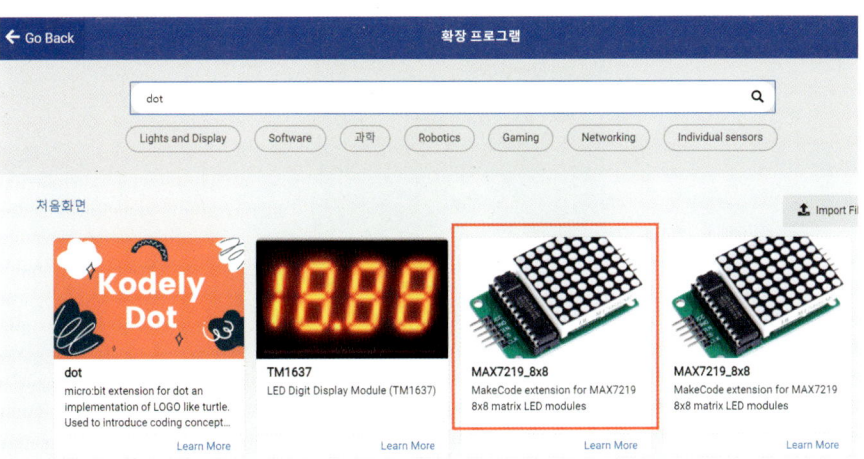

확장 프로그램을 추가하면 아래와 같이 도트 매트릭스를 제어하기 위한 기능 블록이 생깁니다.

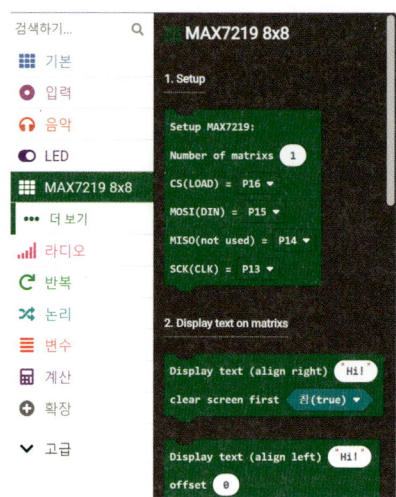

도트 매트릭스를 사용하기 위해서는 **시작하면 실행** 블록에 초기화 코드를 넣어 주어야 합니다.

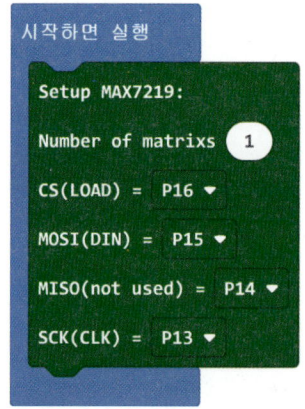

이번 프로젝트에서는 도트 매트릭스를 1개만 사용할 것이므로 "Number of matrixs"는 1로 지정합니다.
나머지 핀들은 회로에서 설정한 값으로 지정합니다.
도트 매트릭스는 기본값은 "웃는 얼굴"입니다.

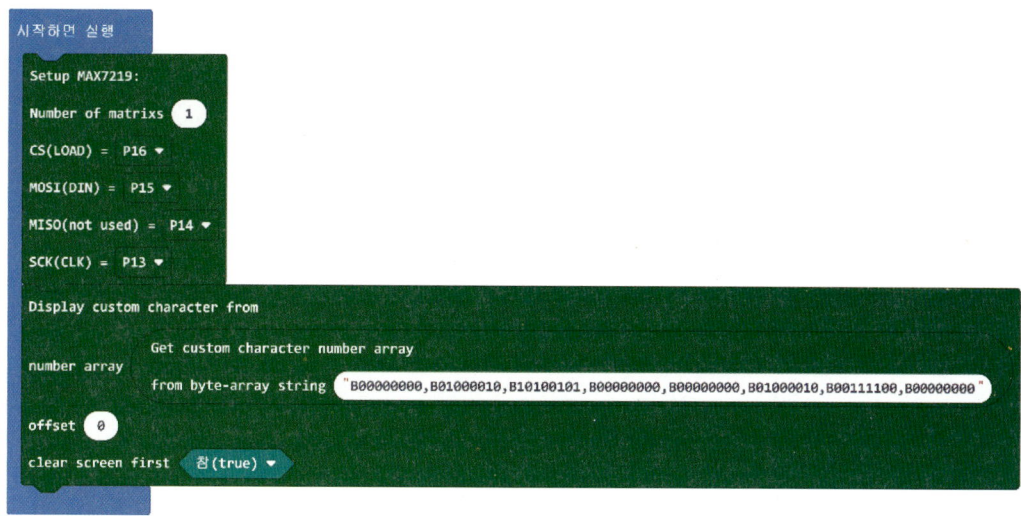

Display custom character… 블록을 이용하여 도트 매트릭스에 "웃는 얼굴"을 표현할 수 있습니다. 이때 byte-array string( )에 들어가는 값은 "B00000000,B01000010,B10100101,B00000000,B00000000,B01000010,B00111100,B00000000"입니다.

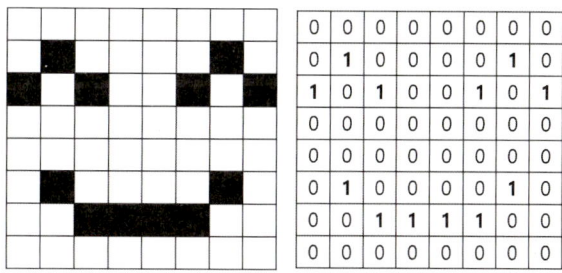

 Tip

- 아이콘을 숫자 배열로 변환하기 위해 https://xantorohara.github.io/led-matrix-editor/# 사이트를 이용하였습니다.
- 마이크로비트 코드에 입력 시 공백이 없이 입력해 주세요.

초기화가 끝났으니 동작에 대한 코딩을 합니다.

무한반복 실행에서는 PIR센서(PIN 1)의 값에 따라서 PIR센서값이 1이면(움직임이 감지되면), 도트 매트릭스에 "슬픈 얼굴"을 표시하고 그렇지 않으면(움직임이 감지되지 않으면) "웃는 얼굴"을 표시합니다.

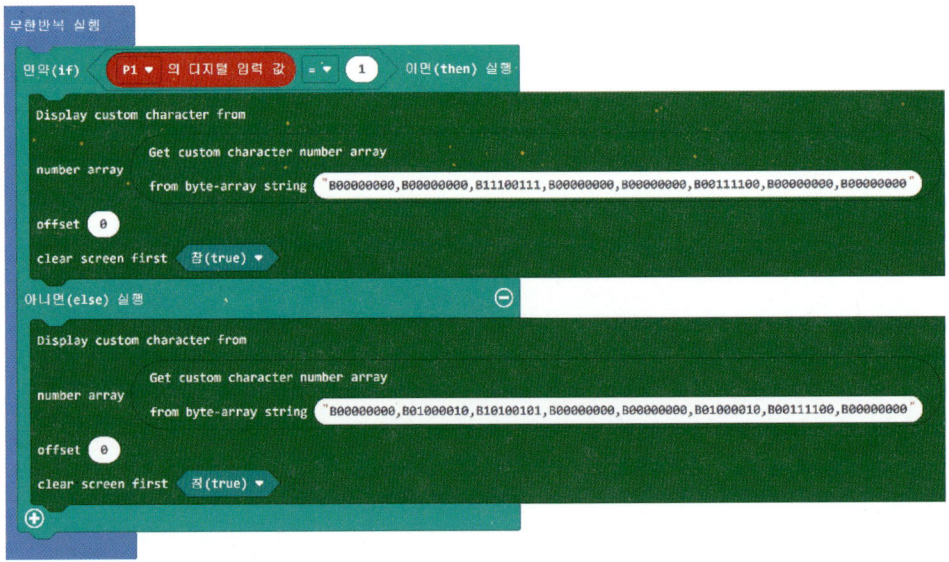

슬픈 얼굴의 배열값은 다음과 같습니다.
"B00000000,B00000000,B11100111,B00000000,B00000000,B00111100,B00000000,B00000000"

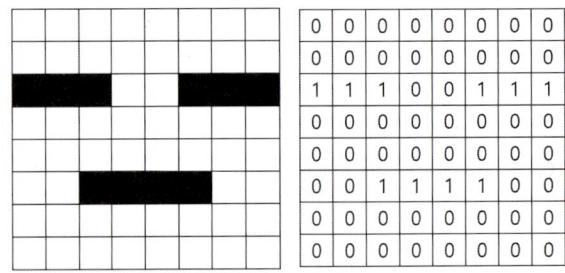

동작을 확인합니다. 움직임이 감지됨에 따라서 도트 매트릭스에 "슬픈 얼굴"이 잘 표시되면 성공입니다.

2 메이킹

이번 장에서는 화장실 에티켓 장치를 메이킹해 보겠습니다.
화장실 사용 시 안에 사람이 있는지 없는지 모르고 문을 벌컥 열 때가 있습니다.
집에서도 밖에서도 노크하는 에티켓이 필요하지만 우리는 도트 매트릭스를 이용해서
안에 사람이 있는지 없는지 알 수 있게 만들어 볼게요.
엄청 편리하겠죠?
그럼 만들어 보러 가실까요!

우선 화장실 문 앞에 도트 매트릭스를 장착합니다.
문 앞에 장착이 되어 있으니 바로 바로 알 수 있겠죠?
그리고 화장실 안쪽에 PIR센서 모듈을 장착합니다.

화장실 안쪽에 레비가 씻으려고 하고 있네요.

PIR센서에 감지되었어요.

그럼 문 바깥쪽에 도트 매트릭스에 슬픈 얼굴이 표시되겠죠?

이제 레비가 화장실 사용을 다 하고 나왔습니다.

도트 매트릭스에 웃는 얼굴이 보이시죠?

마이크로비트를 한쪽 벽면에 장착하였습니다.

나중에 케이블 몰딩작업을 해야 할 듯합니다.

화장실 공사도 아주 잘 마무리되었습니다.

이제 실내로 들어가 보실까요!

다음으로, 아두이노를 이용해서 화장실 에티켓 지킴이를 만들어 보겠습니다!

학습목표	PIR센서와 8×8 LED 도트 매트릭스를 이용하여 화장실 에티켓 지킴이를 만듭니다.
핵심 키워드	아두이노, PIR 센서, 8×8 LED 도트 매트릭스
준비물	아두이노 우노 보드, PIR센서 모듈, 8×8 LED 도트 매트릭스 모듈, USB-B 데이터 케이블, 미니 브레드 보드, FM점퍼선, MM점퍼선
학습 시간	회로 구성: 5분 소프트웨어 코딩: 20분 메이킹: 20분
학습 난이도	★★☆☆☆

1. 기능 구현

1. 기능 정의
- 화장실 안에서 사람의 움직임이 감지되면
    - 화장실 밖의 8×8 LED 도트 매트릭스에 "슬픈 얼굴"을 표시한다.
- 화장실 안에서 사람의 움직임이 감지되지 않으면
    - 화장실 밖의 8×8 LED 도트 매트릭스*에 "웃는 얼굴"을 표시한다.

(*: 8×8 LED 도트 매트릭스는 이하 도트 매트릭스로 대체함)

2. 회로 구성

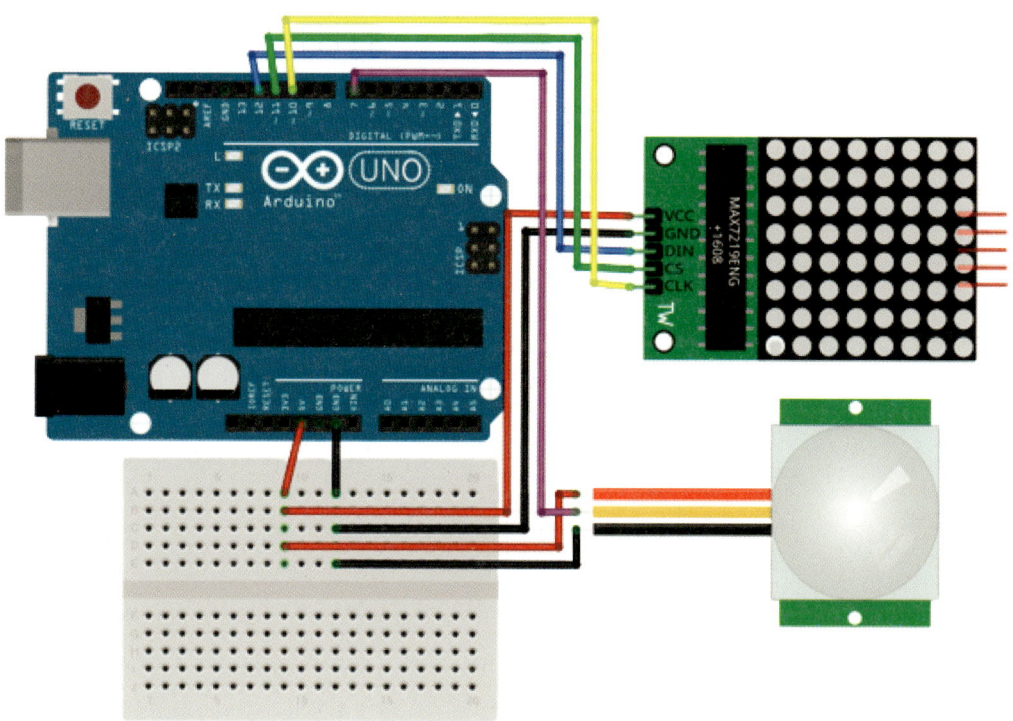

아두이노 우노 보드	도트 매트릭스 모듈
5V	VCC
GND	GND
D12	DIN
D11	CS
D10	CLK

아두이노 우노 보드	PIR센서 모듈
GND	GND
5V	VCC
D7	OUT

3. 스케치 작성

1. 아두이노 IDE를 시작합니다.

2. 프로젝트 이름은 "2_toilet_etiquette"으로 저장합니다.

3. "LedControl" 라이브러리를 설치합니다.

   • 도트 매트릭스 모듈을 사용하기 위해서는 라이브러리를 설치해야 합니다.

     - [스케치] → [라이브러리 포함하기] → [라이브러리 관리] 클릭

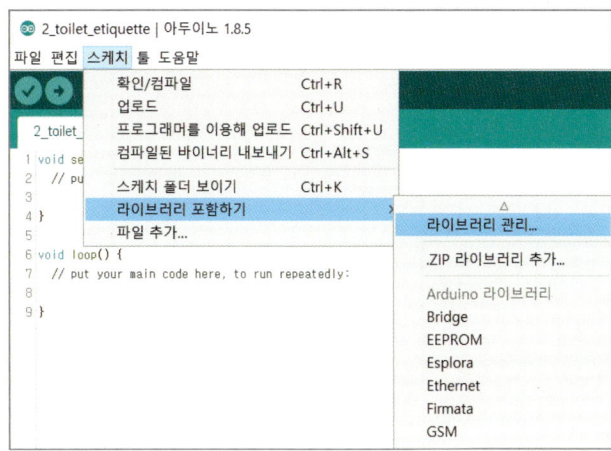

- [라이브러리 매니저]에서 "LedControl" 검색 후 설치합니다.

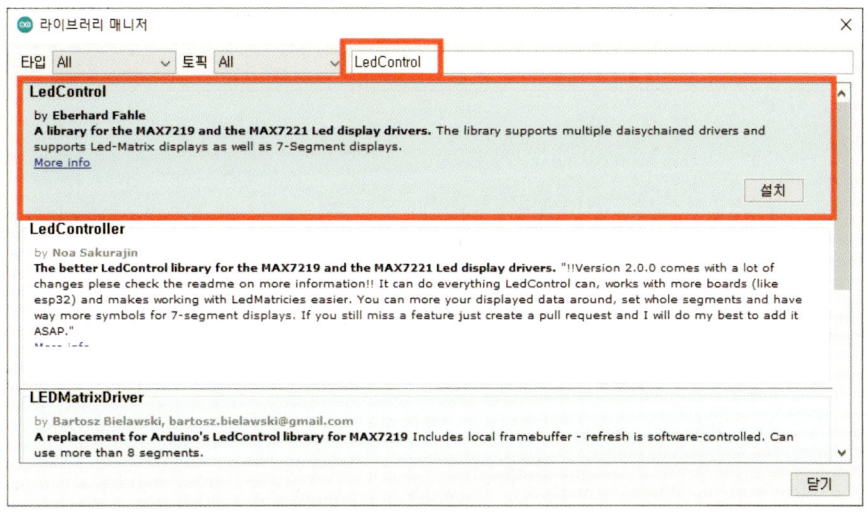

4. 소스 코드

가. 도트 매트릭스 사용을 위한 헤더파일 추가, 객체 생성, 변수 선언하기

- LedControl 헤더파일을 추가합니다.
- LedControl 이름 = LedControl(DIN, GLK, CS, DeviceNumber)
  - 아두이노에 연결된 도트 매트릭스를 사용할 수 있도록 객체를 생성합니다.
  - DIN, CLK, CS: 핀번호를 입력

- DeviceNumber: 연결된 매트릭스의 개수 입력

    → emotion 배열을 생성하고 도트 매트릭스에 표현될 값을 설정합니다.
- PIR센서 사용을 위한 변수를 선언하고 핀번호를 설정합니다.

```
#include "LedControl.h"          //LedControl헤더파일 불러오기
//도트매트릭스핀을 DIN(D12),CLK(D10),CS(D11)로 설정, 연결된 모듈은 1개
LedControl lc = LedControl(12,10,11,1);

byte emotion[][8] =
{
  { B00000000,B00000000,B11100111,B00000000,
    B00000000,B00111100,B00000000,B00000000 }, //슬픈 얼굴
  { B00000000,B01000010,B10100101,B00000000,
    B00000000,B01000010,B00111100,B00000000 }, //웃는 얼굴
};

int PIR_pin = 7;          //PIR 센서 7번핀 사용
```

나. setup( ) 함수

- 도트매트릭스이름.shutdown(addr, state)
  - 도트 매트릭스의 절전모드를 설정합니다.
  - addr: 설정할 매트릭스의 주소 (주소는 0번째부터 시작)
  - true: 절전모드 ON → LED가 꺼짐
  - false: 절전모드 OFF → LED가 켜짐
- 도트매트릭스이름.setIntensity(addr, brightness)
  - 도트 매트릭스의 밝기를 조절합니다.
  - addr: 설정할 매트릭스의 주소
  - brightness: 밝기(0~15), 숫자가 높을수록 밝음
- 도트매트릭스이름.clearDisplay(addr)
  - 도트 매트릭스를 초기화합니다.
  - addr: 설정할 매트릭스의 주소
  - brightness: 밝기(0~15), 숫자가 높을수록 밝음
- pinMode(pin, mode)
  - 아두이노의 특정핀을 입력 또는 출력으로 동작하도록 설정합니다.

- pin: 모드를 설정하려는 핀번호
- mode: INPUT, OUTPUT, INPUT_PULLUP

```
void setup() {
  lc.shutdown(0,false);    //도트매트릭스 절전모드 설정
  lc.setIntensity(0,8);    //도트매트릭스 밝기 조절(0~15)
  lc.clearDisplay(0);      //도트매트릭스 장치 초기화

  pinMode(PIR_pin, INPUT); //PIR핀 7번으로 설정
}
```

다. loop( ) 함수

- digitalRead(pin)
  - 지정한 디지털 핀에서 값을 읽어 옵니다.
  - pin: 읽으려는 디지털 핀번호
  - 반환값: HIGH 또는 LOW
- 도트매트릭스이름.setRow(addr, row, value)
  - 매트릭스에 데이터를 출력합니다.
  - 설정할 매트릭스 번호, 설정할 행, 설정할 값

```
void loop() {
  if(digitalRead(PIR_pin)){ //PIR 센서가 사물을 인식한 경우
    for(int i=0;i<8;i++)
      lc.setRow(0, i, emotion[0][i]);//웃는 얼굴 표시
  }
  else{    //PIR 센서가 사물을 인식하지 않은 경우
    for(int i=0;i<8;i++)
      lc.setRow(0, i, emotion[1][i]);//슬픈 얼굴 표시
  }
}
```

→ PIR센서가 사물을 인식하면 digitalRead( )의 반환값은 HIGH입니다.
이때 setRow 함수를 이용하여 도트매트릭스에는 "웃는 얼굴"을 표시합니다.

→ PIR센서가 사물은 인식하지 않으면 digitalRead( )의 반환값은 LOW 입니다.
이때 setRow 함수를 이용하여 도트매트릭스에는 "슬픈 얼굴"을 표시합니다.

전체 코드

```cpp
#include "LedControl.h"           //LedControl헤더파일 불러오기
//도트매트릭스판을 DIN(D12),CLK(D10),CS(D11)로 설정, 연결된 모듈은 1개
LedControl lc = LedControl(12,10,11,1);

byte emotion[][8] =
{
  { B00000000,B00000000,B11100111,B00000000,
    B00000000,B00111100,B00000000,B00000000 }, //슬픈 얼굴
  { B00000000,B01000010,B10100101,B00000000,
    B00000000,B01000010,B00111100,B00000000 }, //웃는 얼굴
};

int PIR_pin = 7;         //PIR 센서 7번핀 사용

void setup() {
  lc.shutdown(0,false);     //도트매트릭스 절전모드 설정
  lc.setIntensity(0,8);     //도트매트릭스 밝기 조절(0~15)
  lc.clearDisplay(0);       //도트매트릭스 장치 초기화

  pinMode(PIR_pin, INPUT);  //PIR핀 7번으로 설정
}

void loop() {
  if(digitalRead(PIR_pin)){ //PIR 센서가 사물은 인식한 경우
    for(int i=0;i<8;i++)
      lc.setRow(0, i, emotion[0][i]); //웃는 얼굴 표시
  }
  else{    //PIR 센서가 사물은 인식하지 않은 경우
    for(int i=0;i<8;i++)
      lc.setRow(0, i, emotion[1][i]); //슬픈 얼굴 표시
  }
}
```

5. 보드와 포트 설정하기

가. [툴] → [보드] → [Arduino Uno]를 선택합니다.

나. [툴] → [포트] → [COM9(Arduino Uno)]를 선택합니다.

6. 컴파일 및 업로드하기

가. [확인] 버튼을 눌러 컴파일을 수행합니다.

나. [업로드] 버튼을 눌러 업로드합니다.

3 메이킹

화장실 안에 아무도 없나 봐요~
그럼 레비가 들어가서 화장실을 사용해도 되겠어요.
레비~레비~ 어서 씻어~

레비가 씻고 있네요!
그럼 화면에는 어떻게 나오는지 한번 확인해 볼까요?

도트 매트릭스에 우는 모습이 보이죠?
이제 레비가 씻고 나오면 웃는 모습으로 바뀌겠죠~
반돌아, 너도 들어가서 씻어~

MEMO

TV 거리 지킴이

TV를 보다 보면 자꾸자꾸 TV와 가까워집니다. TV를 가까이에서 보면 눈이 나빠진다는 것 잘 아시죠? 나도 모르게 TV 앞으로 다가가는 것을 막아 주는 "TV 거리 지킴이"로 TV는 재미있게 보고 눈도 보호해 봅시다.

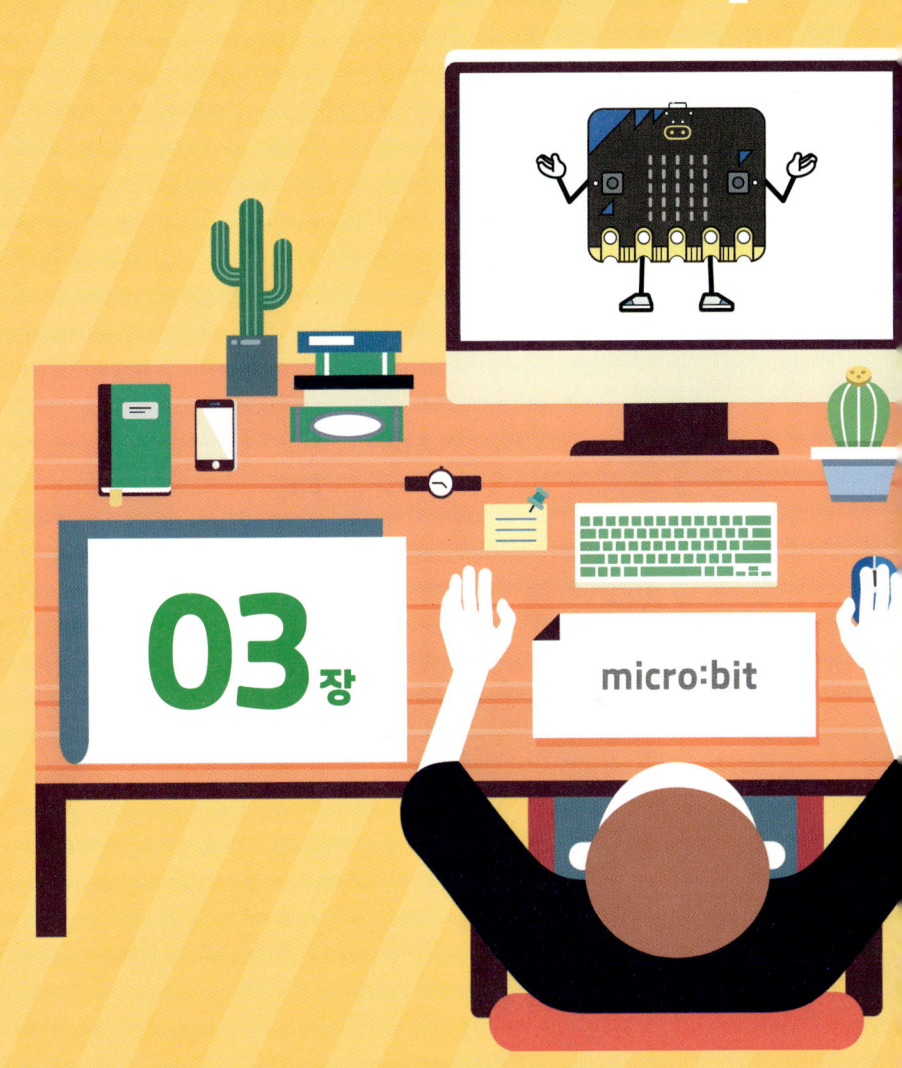

03 TV 거리 지킴이

1 초음파센서와 부저 알아보기

1. 초음파센서란?

초음파란 인간이 들을 수 없는 높은 주파수를 말하는데 이 초음파센서를 이용하여 물체와의 거리를 측정할 수 있습니다.

초음파센서는 20kHz 이상의 초음파를 송신부(Trig)를 이용해서 송신하고, 물체에서 반사된 초음파를 수신부(Echo)를 통해 수신하게 됩니다. 이때 초음파를 보낸 시간과 반사되어 돌아온 시간을 측정하여 거리를 계산할 수 있습니다.

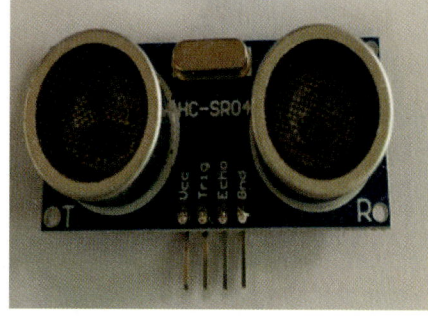

초음파센서

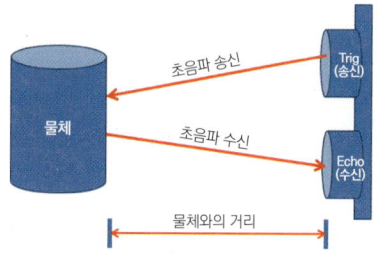

초음파센서 원리

물체와의 거리(편도 거리) = (속도 340m/s × 측정시간)/2

2. 피에조 부저란?

피에조 부저란 전기적 신호를 주었을 때 부저 내 압전체가 수축하거나 확장하는 효과를 이용하여 소리를 내는 작은 스피커입니다.

피에조 부저는 코드상에서 소리의 음량을 제어할 수 없고 자칫 잘못하면 소음을 일으킬 수 있지만, 값이 싸고 사용이 단순하기 때문에 장난감이나 휴대용 게임기, 버스 부저 등에서 사용됩니다.

학습목표	초음파센서를 이용하여 TV 거리 지킴이를 만듭니다.
핵심 키워드	마이크로비트, 초음파센서
준비물	마이크로비트, 브레이크아웃보드, 초음파센서, RGB LED 모듈, 부저 모듈, USB 데이터 케이블, 배터리팩, AAA건전지 2개
학습 시간	하드웨어 설정하기: 5분 소프트웨어 코딩하기: 15분
학습 난이도	★☆☆☆☆

1. 기능 구현

1. 기능 정의

초음파센서의 측정 거리가 8cm 초과면
  - LED 불 꺼짐

초음파센서의 측정 거리가 4cm 초과, 8cm 이하면
  - LED 노란불

초음파센서의 측정 거리가 0cm 초과, 4cm 이하면
  - LED 빨간불과 부저

2. 회로 구성

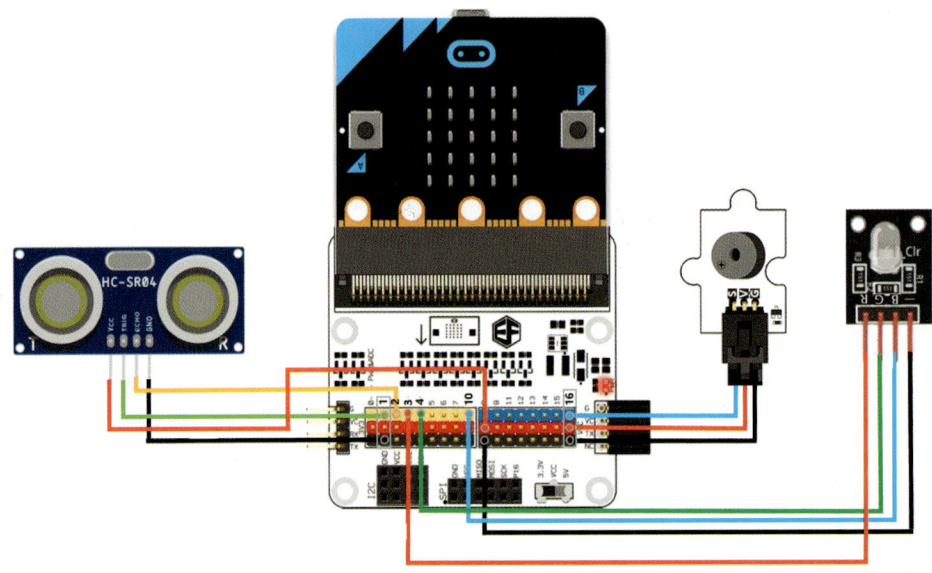

마이크로비트	초음파센서
VCC	VCC
GND	GND
1	TRIG
2	ECHO

마이크로비트	RGB LED 모듈
GND	-
3	R
4	G
10	B

마이크로비트	부저 모듈
3V	V
GND	G
16	S

3. 기능 구현

1. MakeCode 편집기를 실행합니다. [URL] https://makecode.microbit.org/
2. 프로젝트 이름을 "3_TV거리감지기"로 저장하고 새 프로젝트를 생성합니다.
3. 확장 → "sonar" 검색하여 초음파센서 블록(sonar)을 추가합니다.

sonar를 추가하면 다음과 같은 블록이 추가됩니다.

초음파센서의 trig와 echo 핀만 마이크로비트에 연결해 주면 거리를 계산해 주는 블록이 생깁니다.

> Trig와 Echo의 핀을 이용하여 초음파센서의 거리를 계산하는 방법도 가능합니다. 이것에 대한 수식 등은 아두이노 부분에서 다루게 될 테니 참고하시기 바랍니다.

경고음을 내기 위해서 부저를 사용하기 위해 16번 핀을 소리 출력으로 설정합니다.
RGB LED의 R/G/B 각각의 값도 모두 0으로 저장하여 시작할 때는 불을 끈 상태로 만듭니다.
RGB LED를 제어하기 위해 RGB(r, g, b)의 함수를 만들어서 사용합니다.
같은 패턴의 블록 묶음이 여러 곳에서 사용이 되는 경우 함수로 만들어서 호출하게 되면 코드가 간단해지고 수정이 필요한 경우 쉽게 수정할 수 있습니다.

여기서 잠깐! – 0번 핀이 아닌 다른 핀을 소리 출력으로 사용하기

마이크로비트에서 음악 블록을 사용하는 경우 마이크로비트의 시뮬레이터에 이어폰의 단자가 나타나면서 0번 핀에 연결이 됩니다.

즉, 음악 블록은 기본적으로 0번 핀을 통해서 소리를 송출하도록 되어 있습니다.

마이크로비트 V2의 경우는 스피커가 보드에 내장되어 있습니다. 마이크로비트에 내장된 스피커로 소리를 출력하지 않기 위해서는 음악 꾸러미의 [내장 스피커 <끄기> 설정]을 해야 합니다.

마이크로비트 V1은 스피커(부저)를 별도로 연결해야 하는데 이때 0번 핀에 연결해야 소리를 들을 수 있습니다.

이렇게 주어진 핀 그대로 사용하면 좋겠지만 가끔은 다른 핀에 연결해서 사용해야 하는 경우도 있습니다. 이런 경우는 **시작하면 실행** 블록에서 미리 다른 핀을 사용하겠다고 선언해 주면 됩니다.

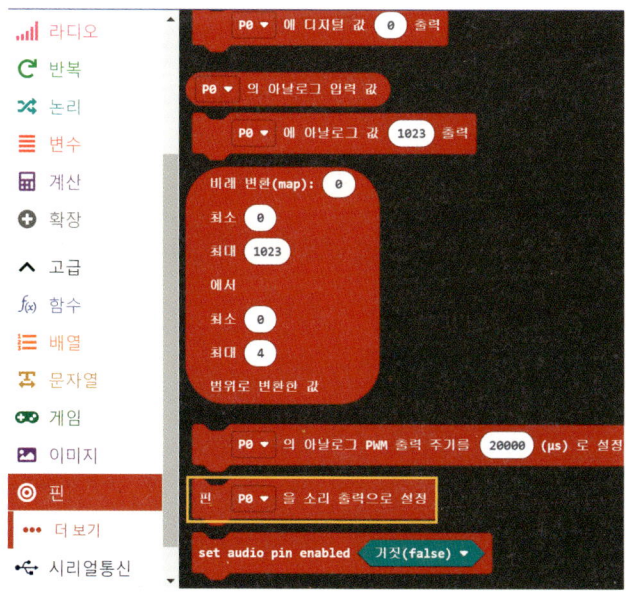

핀(P0)을 소리 출력으로 설정을 이용하여 소리 출력핀을 변경할 수 있습니다.

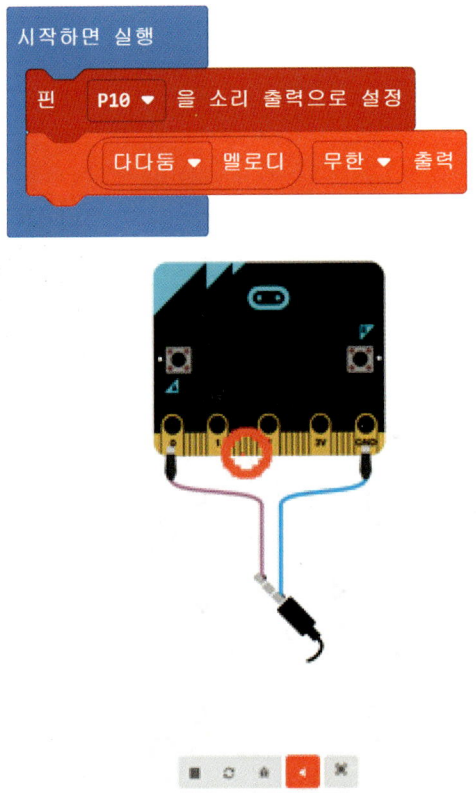

소리 출력을 10번 핀을 변경하고 음악 블록을 실행하면 시뮬레이터의 모습은 크게 변한 것 같지 않습니다. 그러나 자세히 보면 10번 핀 부분이 주황색으로 바뀐 것을 찾을 수 있습니다. 이제 부저를 10번 핀에 연결하여 사용하면 됩니다.

초음파센서의 거리를 측정하기 위해 Sonar 블록을 사용합니다.
trig는 (P1), echo는 (P2), unit은 (cm)으로 변경합니다.
변수 **거리**를 생성하여 측정된 초음파센서값을 저장합니다.

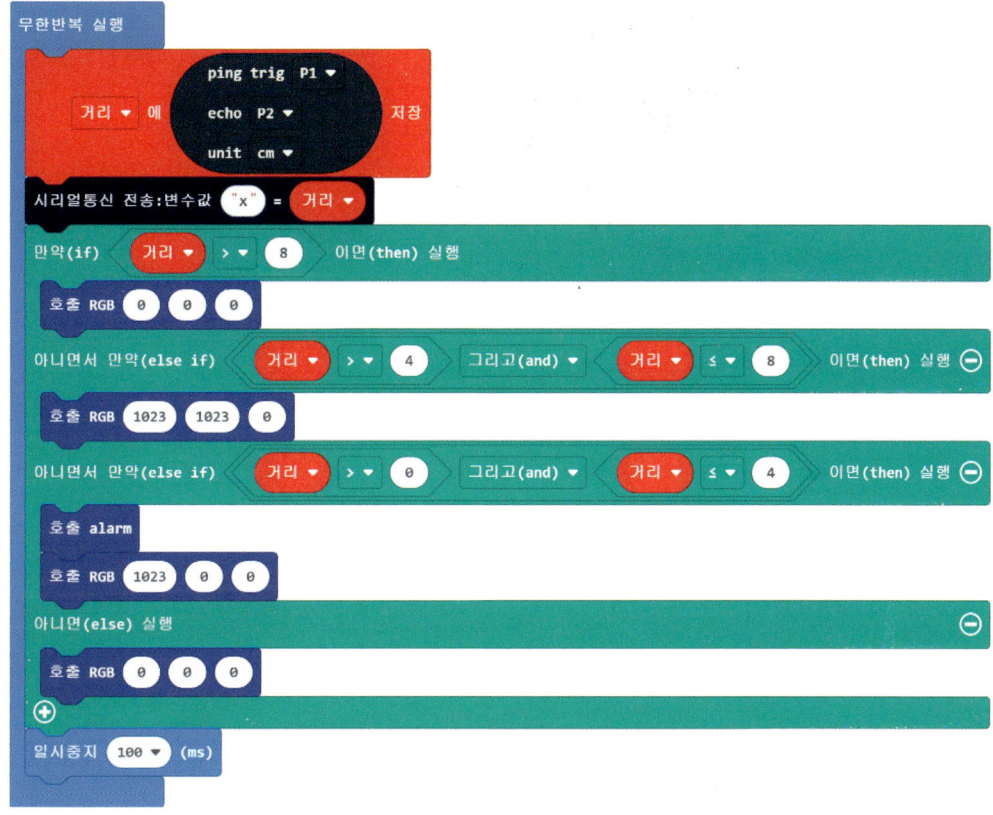

거리값에 따라서 RGB LED의 색이 결정됩니다.

초음파센서 앞의 물체가 8cm보다 먼 곳에 있다면 꺼짐, 4~8cm 사이에 있다면 노랑, 0~4cm 사이에 있다면 빨간색이 됩니다. 그리고 빨간색이 되는 경우 너무 가깝다는 것을 알리기 위해 수동 부저를 이용하여 경고합니다.

호출 RGB (0) (0) (0)은 r/g/b 모든 값이 0이기 때문에 꺼집니다.

호출 RGB (1023) (1023) (0)은 r 값이 1023, g 값도 1023이 되어 노랑으로 표현됩니다.

호출 RGB (1023) (0) (0)은 r 값만 1023이므로 빨강이 됩니다.

호출 alarm은 아래와 같이 짧은 경고음을 내도록 하였습니다.

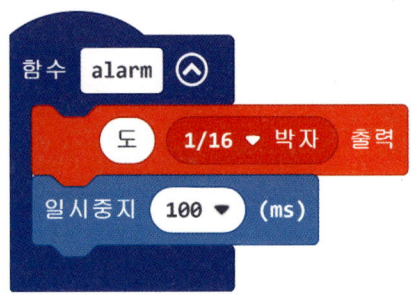

코드가 완성되었습니다. 다운로드하여 동작을 확인합니다.

Tip

외부 모듈을 사용할 때는 동작 전압 및 여러 가지 해당 모듈에 대한 특성을 미리 확인해야 합니다. 우리가 사용하는 초음파센서는 3~5.5V로 동작이 가능한 모듈입니다. 사용되는 전압에 따라 측정 범위가 다릅니다.
- 3V: 2~400cm
- 5.5V: 2~450cm

스펙에 보면 2cm 이상부터 측정이 가능하기 때문에 너무 가까이 가는 경우 정확한 값 측정이 어렵습니다.

 **여기서 잠깐!** – 시리얼통신 전송 블록에 대해서 알아봅니다

시리얼통신 전송: 변수값 ("x") = (0) 블록을 이용하여 현재 측정되는 센서의 값을 확인할 수 있습니다. 컴퓨터와 마이크로비트가 USB 장치 페어링 되어 있는 상태에서 [시리얼통신 전송: 변수값 ("x") = (0)] 블록이 있는 hex파일을 마이크로비트에 다운로드하고 나면 메이크코드의 시뮬레이터 부분이 아래 그림처럼 바뀝니다.

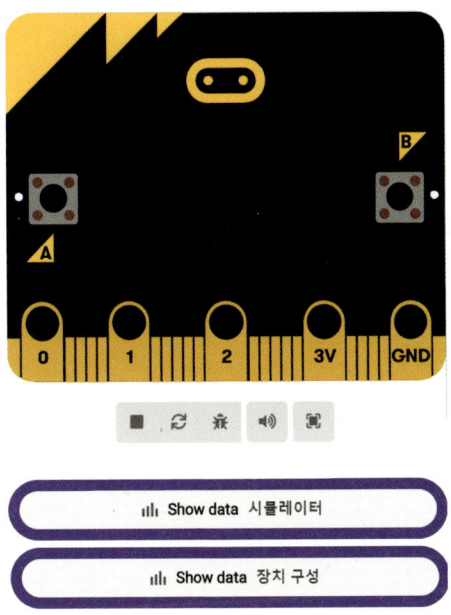

두 번째 메뉴인 "Show data 장치 구성"을 클릭하면 아래 그림처럼 시리얼통신 블록을 이용하여 전달한 값을 확인할 수 있습니다.

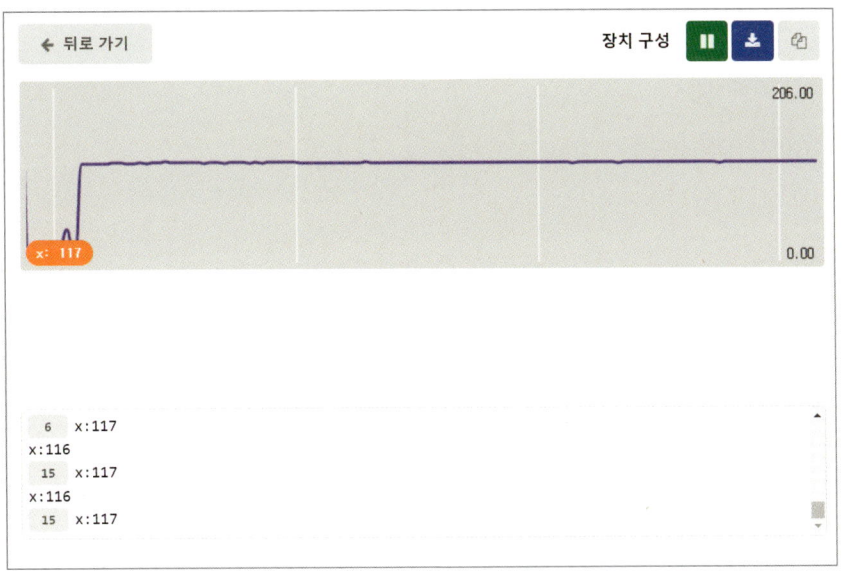

TV 거리 지킴이 **57**

2 메이킹

레비가 집에 있는 시간이 많아질수록 TV 시청 시간도 늘어납니다.

TV 시청을 하다 보면 좋은 정보도 많이 얻을 수 있지만 반면 눈도 많이 나빠지죠?

그래서 레비를 위해 TV 거리 지킴이를 만들어 보겠습니다.

TV와 너무 가까워지면 경고등과 경고음이 울리게 할게요.

레비와 여러분의 눈 건강을 위해 시작해 볼까요?

거실 벽면에 벽걸이 TV를 장만했습니다.

초음파센서를 TV앞면에 장착을 하고, 부저 모듈과 RGB LED 모듈, 마이크로비트를 벽면에 장착을 하였습니다.

너무 가까이 앉아서 TV를 시청하면 경고음이 울리고 불이 켜집니다.

레비처럼 TV를 많이 보는 어린이들이 있는 집에서는 필수일 듯합니다.

그럼 전체 사진을 보시죠~

레비가 너무 앞으로 가니 LED에 빨간색으로 경고등이 들어왔죠?

레비 어서 뒤로 나와~ 경고음이 계속 울리잖아~

결국 레비는 소파에 앉아서 TV를 시청하였답니다.

다음으로, 아두이노를 이용해서 TV 거리 지킴이를 만들어 보겠습니다!

학습목표	초음파 센서를 이용하여 TV 거리 지킴이를 만듭니다.
핵심 키워드	아두이노, 초음파센서
준비물	아두이노 우노보드, 초음파센서, RGB LED 모듈, 부저 모듈, USB-B 데이터 케이블, 미니 브레드 보드, FM점퍼선, MM점퍼선
학습 시간	하드웨어 설정하기: 5분 소프트웨어 코딩하기: 15분
학습 난이도	★☆☆☆☆

1. 기능 구현

1. 기능 정의
- 초음파센서의 측정 거리가 8cm 초과면
    - LED 꺼진다.
- 초음파센서의 측정 거리가 4cm 초과, 8cm 이하이면
    - 노란불 켜진다.
- 초음파센서의 측정 거리가 0cm 초과, 4cm 이하이면
    - 빨간불이 켜지고 부저 울린다.

2. 회로 구성

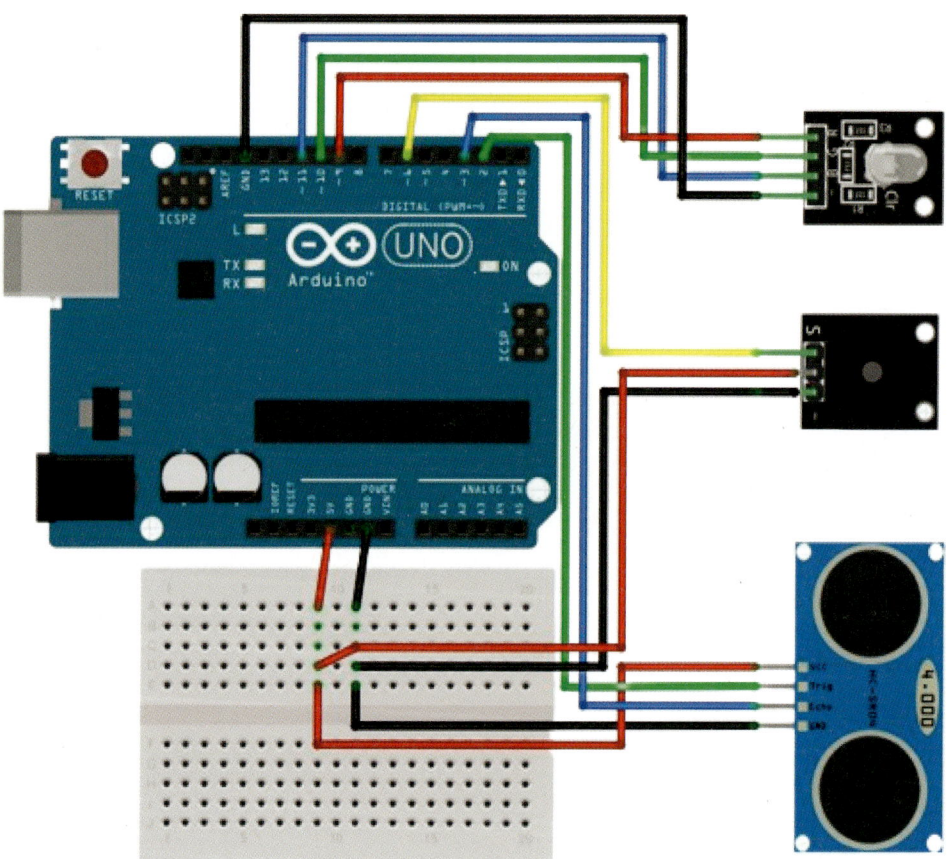

아두이노 우노 보드	RGB LED 모듈
D9	R
D10	G
D11	B
GND	-

아두이노 우노 보드	초음파센서
5V	VCC
D2	Trig
D3	Echo
GND	GND

아두이노 우노 보드	부저 모듈
D6	S
5V	V
GND	G

3. 스케치 작성

1. 아두이노 IDE를 시작합니다.
2. 프로젝트 이름은 "3_TV_distance_guard"로 저장합니다.
3. 소스 코드

가. 변수 선언하기

- RGB LED 사용을 위한 변수를 선언하고 핀번호를 설정합니다.

- 피에조 부저 사용을 위한 변수를 선언하고 핀번호를 설정합니다.
- 초음파센서 사용을 위한 변수를 선언하고 핀번호를 설정합니다.

```
int R_LED_pin = 9;        //red led 11번핀 사용
int G_LED_pin = 10;       //green led 10번핀 사용
int B_LED_pin = 11;       //blue led 9번핀 사용

int BUZZER_pin = 6;       //부저 6번핀 사용

int ECHO_pin = 3;         //초음파 ECHO 3번핀 사용
int TRIG_pin = 2;         //초음파 TRIG 2번핀 사용
```

나. setup( ) 함수

- **pinMode**(pin, mode)
  - 아두이노의 특정핀을 입력 또는 출력으로 동작하도록 설정합니다.
  - pin: 모드를 설정하려는 핀번호
  - mode: INPUT, OUTPUT, INPUT_PULLUP
- **Serial.begin**(speed)
  - 시리얼통신을 9600보드레이트 속도로 시작합니다.
  - speed: 전송속도, 초당 비트수

```
void setup() {
  pinMode(R_LED_pin, OUTPUT); //red led 핀모드 설정
  pinMode(G_LED_pin, OUTPUT); //green led 핀모드 설정
  pinMode(B_LED_pin, OUTPUT); //green led 핀모드 설정
  pinMode(BUZZER_pin, OUTPUT);//부저 핀모드 설정
  pinMode(ECHO_pin, INPUT);   //초음파 ECHO 핀모드 설정
  pinMode(TRIG_pin, OUTPUT);  //초음파 TRIG 핀모드 설정
  Serial.begin(9600);
}
```

다. loop( ) 함수

- **digitalWrite**(pin, value)

- 지정한 디지털 핀에 값을 출력합니다.
- pin: 핀번호
- value: 출력할 값, HIGH 또는 LOW

- **delayMicroseconds**(us)
  - 지정된 시간(마이크로초) 동안 프로그램을 일시정지합니다.
  - us: 마이크로초

- **pulseIn**(pin, value)
  - 지정한 디지털 핀의 전압이 HIGH 또는 LOW가 될 때까지 걸린 시간을 재는 함수입니다.
  - pin: 핀번호
  - value: HIGH 또는 LOW
  - 반환값: 전압이 바뀌는 데 걸린 시간을 마이크로초로 반환
    대기 시간 동안 바뀌지 않으면(보통 1초) 0 반환
  → 초음파가 전송되고 수신될 때까지 걸린 시간을 58로 나누면 거리가 cm 단위로 나옴

- **Serial.println**(data)
  - 시리얼통신으로 데이터를 출력합니다.
  - data: 출력할 데이터

- **tone**(pin, frequency), **tone**(pin, frequency, duration)
  - 핀에 특정 주파수를 출력합니다.
  - pin: 출력할 핀
  - frequency: 주파수(Hz 단위)
  - duration: 지속 시간(밀리초 단위)

- **noTone**(pin)
  - 주파수 출력을 멈춥니다.
  - pin: 출력할 핀

- **delay**(ms)
  - 시간 간격을 설정합니다.
  - ms: 밀리초, 1000ms = 1초

```cpp
void loop() {
  digitalWrite(TRIG_pin,HIGH);  //TRIG_pin에 HIGH 출력하기
  delayMicroseconds(10);   //TRIG_pin을 10 마이크로세컨드 기다리기
  digitalWrite(TRIG_pin,LOW); //TRIG_pin에 LOW 출력하기
  //ECHO_pin에서 펄스값 읽어와 거리 계산하기
  long distance=pulseIn(ECHO_pin,HIGH)*340/10000/2;

  Serial.println(String("distance : ")+distance+String("cm"));
  if(distance > 8){//거리 8cm초과시 LED OFF
    digitalWrite(R_LED_pin, 0);
    digitalWrite(G_LED_pin, 0);
    digitalWrite(B_LED_pin, 0);
  }
  else if(distance > 4 && distance <= 8){//거리 4cm초과,8cm 이하시
    digitalWrite(R_LED_pin, 255);       //노란불 ON
    digitalWrite(G_LED_pin, 255);
    digitalWrite(B_LED_pin, 0);
  }
  else if(distance > 0   && distance <= 4 ){//거리 0cm초과,4cm 이하시
    digitalWrite(R_LED_pin, 255);          //빨간불 ON, 경고음 출력
    digitalWrite(G_LED_pin, 0);
    digitalWrite(B_LED_pin, 0);
    tone(BUZZER_pin, 987);
    delay(500);
    noTone(BUZZER_pin);
  }
}
```

→ 초음파센서의 반환값이 8cm 초과인 경우(안전한 거리)에는 불이 꺼지고

→ 4cm 초과, 8cm 이하인 경우에는 노란불이 켜지고

→ 0cm 초과, 4cm 이하인 경우에는 빨간불이 켜지고 경고음 출력하기

전체 코드

```
int R_LED_pin = 9;        //red led 11번핀 사용
int G_LED_pin = 10;       //green led 10번핀 사용
int B_LED_pin = 11;       //blue led 9번핀 사용

int BUZZER_pin = 6;       //부저 6번핀 사용

int ECHO_pin = 3;         //초음파 ECHO 3번핀 사용
int TRIG_pin = 2;         //초음파 TRIG 2번핀 사용

void setup() {
  pinMode(R_LED_pin, OUTPUT);  //red led 핀모드 설정
  pinMode(G_LED_pin, OUTPUT);  //green led 핀모드 설정
  pinMode(B_LED_pin, OUTPUT);  //green led 핀모드 설정
  pinMode(BUZZER_pin, OUTPUT); //부저 핀모드 설정
  pinMode(ECHO_pin, INPUT);    //초음파 ECHO 핀모드 설정
  pinMode(TRIG_pin, OUTPUT);   //초음파 TRIG 핀모드 설정
  Serial.begin(9600);
}
```

```
void loop() {
  digitalWrite(TRIG_pin,HIGH);   //TRIG_pin에 HIGH 출력하기
  delayMicroseconds(10);         //TRIG_pin을 10 마이크로세컨드 기다리기
  digitalWrite(TRIG_pin,LOW);    //TRIG_pin에 LOW 출력하기
  //ECHO_pin에서 펄스값 얻어와 거리 계산하기
  long distance=pulseIn(ECHO_pin,HIGH)*340/10000/2;

  Serial.println(String("distance : ")+distance+String("cm"));
  if(distance > 8){//거리 8cm초과시 LED OFF
    digitalWrite(R_LED_pin, 0);
    digitalWrite(G_LED_pin, 0);
    digitalWrite(B_LED_pin, 0);
  }
```

```
  else if(distance > 4 && distance <= 8){//거리 4cm초과,8cm 이하시
    digitalWrite(R_LED_pin, 255);            //노란불 ON
    digitalWrite(G_LED_pin, 255);
    digitalWrite(B_LED_pin, 0);
  }
  else if(distance > 0  && distance <= 4 ){//거리 0cm초과,4cm 이하시
    digitalWrite(R_LED_pin, 255);            //빨간불 ON, 경고음 출력
    digitalWrite(G_LED_pin, 0);
    digitalWrite(B_LED_pin, 0);
    tone(BUZZER_pin, 987);
    delay(500);
    noTone(BUZZER_pin);
  }
}
```

4. 보드와 포트 설정하기

가. [툴] → [보드] → [Arduino Uno]을 선택합니다.

나. [툴] → [포트] → [COM9(Arduino Uno)]을 선택합니다.

5. 컴파일 및 업로드하기

가. [확인] 버튼을 눌러 컴파일을 수행합니다.

나. [업로드] 버튼을 눌러 업로드합니다.

3 메이킹

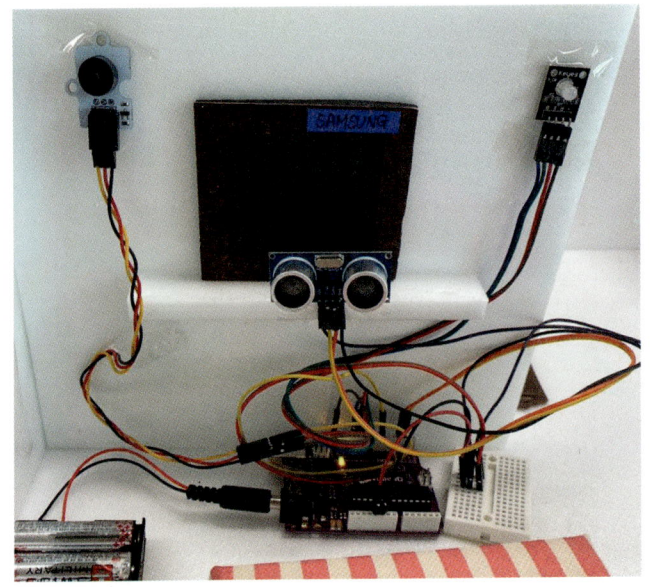

TV에 아두이노를 장착했습니다.

이제 레비가 TV 앞으로 가면 빨간불이 들어오면서 부저음이 울립니다.

레비 TV는 소파에 앉아서 보도록 해~

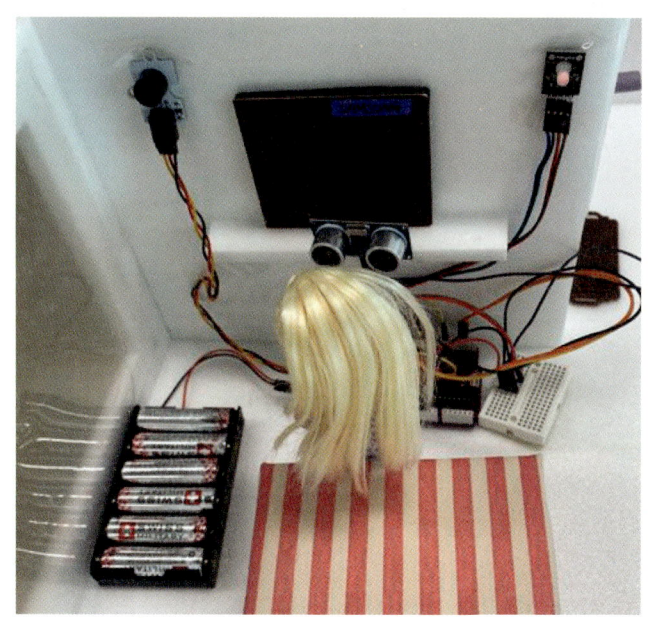

레비가 TV 앞으로 가니 LED에 빨간불이 들어왔어요.

자동 블라인드

둥근 해가 떴습니다. 밝은 빛을 블라인드로 막아서는 안 되죠~
아침이 되면 자동으로 커튼이 걷어지고 어두워지면 커튼이 쳐지는 자동 블라인드가 있다면 편하지 않을까요? 이번 장에서는 조도센서, 서보모터를 이용하여 빛의 세기에 따라 동작하는 자동 블라인드를 만들어 보겠습니다.

04장

micro:bit

04 자동 블라인드

1 서보모터와 조도센서 알아보기

1. 서보모터란?

서보모터는 회전 반경이 정해져 있는 모터로 지정된 각도로 회전이 가능하고 가격이 비교적 저렴하여 자동화 시스템이나 로봇, 장난감 등 여러 분야에서 다양하게 사용되고 있습니다.

주로 회전 반경이 0~180도인 서보모터를 사용하지만 이 작품에서는 회전 반경이 0~360도인 서보모터를 사용하도록 하겠습니다.

180도 서보모터	360도 서보모터

 여기서 잠깐! – 180도 서보모터와 360도 서보모터 비교

	180도 서보모터	360도 서보모터
공통점	Write( ) 함수로 서보모터 회전각도 설정	
차이점	입력된 값이 각도 → 입력된 값만큼 움직이고 멈춤	90도: 정지 90~180: 정방향 회전 0~90: 역방향 회전

2. 조도센서란?

조도센서는 빛의 세기를 측정하는 센서입니다.

빛이 많이 들어오면 저항이 작아지고 빛이 적게 들어오면 저항이 커지는 황화카드뮴이라는 화합물을 사용하는 전자부품입니다. 보통 10k 저항과 사용하고 2개의 핀이 극성이 없어서 전원과 그라운드 방향에 상관없이 연결하여 사용합니다.

이 작품에서는 조도센서 모듈을 사용하도록 하겠습니다.

조도센서  조도센서 모듈

마이크로비트 따라 하기

학습목표	조도센서와 360도 서보모터를 이용하여 빛의 세기에 따라 자동으로 올라가는 블라인드를 만듭니다.
핵심 키워드	마이크로비트, 조도센서, 360도 서보모터, 자동 블라인드
준비물	마이크로비트, 센서비트, 조도센서 모듈, 360도 서보모터, USB 데이터 케이블, 배터리백, AAA건전지 2개
학습 시간	회로 구성: 5분 소프트웨어 코딩: 10분 메이킹: 20분
학습 난이도	★★☆☆☆

1. 기능 구현

1. 기능 정의

조도센서값이 500보다 크다면(밝아지면)
   - 블라인드 올라감

조도센서값이 500과 같거나 작다면(어두우면)
   - 블라인드 내려감

2. 회로 구성

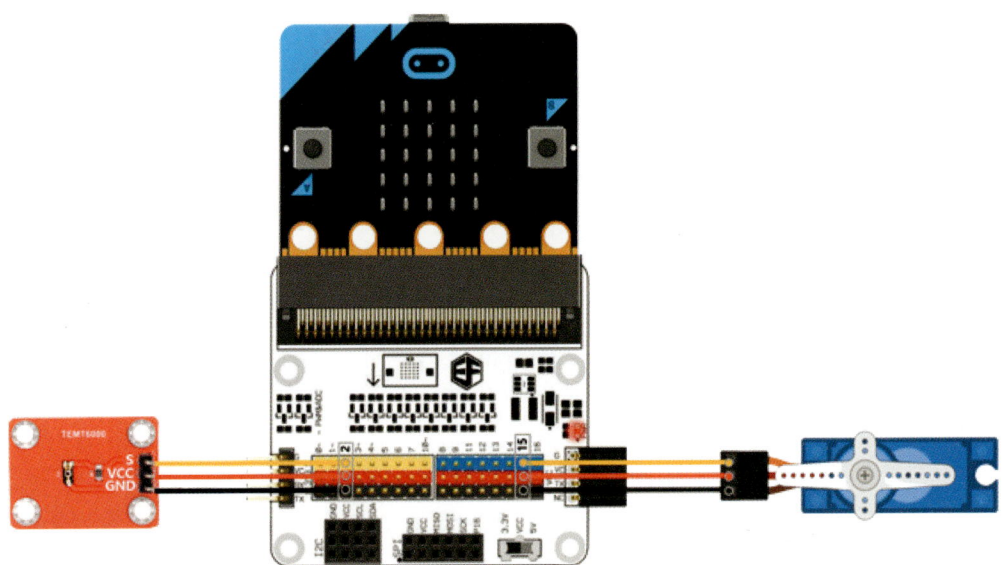

마이크로비트	조도센서 모듈
3V	VCC
GND	GND
2	S

마이크로비트	360도 서보모터
3V	빨간색 선
GND	검정색 선
15	흰색 선

참고) 다른 서보모터의 경우 빨간-V, 갈색-GND, 주황-S 일 수 있습니다.

3. 기능 구현

1. MakeCode 편집기를 실행합니다. [URL] https://makecode.microbit.org/
2. 프로젝트 이름을 "4_자동블라인드"로 저장하고 새 프로젝트를 생성합니다.

⏰ 여기서 잠깐 – 360도 서보모터에 대해서 알아봅니다

일반적으로 사용하는 서보모터는 180도를 회전합니다. 그리고 각도의 제어가 가능합니다. 즉 30도 회전, 60도 회전 등 지정된 각으로 회전이 가능합니다.

그러나, 360도 서보모터는 360도 연속 회전이 가능한 모터로, 90도는 정지, 0도는 최대 속도로 정방향으로 회전, 180도는 최대 속도로 역방향으로 회전합니다.

시작하면 실행에 360도 서보모터를 정지 상태로 지정합니다.

그리고 변수 **up**을 0으로 정합니다.

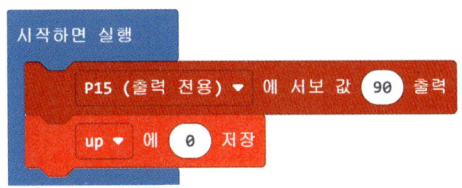

빛을 감지해서 센서값이 500보다 크면(조도센서 > 500) 서보모터를 정방향으로 최대 속도로 2초 동안 회전하여 블라인드를 올립니다.

빛의 값이 500보다 작으면(조도센서 ≤ 500) 서보모터를 역방향으로 최대 속도로 2초 동안 회전하여 블라인드를 내립니다.

빛의 값만으로 서보모터를 회전하면 기준값 이상인 경우는 계속해서 모터를 회전하려고 합니다. 반대의 경우도 마찬가지입니다.

이것을 방지하기 위해서 블라인드의 상태가 바뀌는 한 번만 동작하도록 변수 **up**을 사용합니다. 즉 **up** 상태가 0(블라인드가 내려져 있는 상태)일 때 밝아지면(조도센서 〉 500) 서보모터를 회전해서 블라인드를 올리고 **up** 상태가 1(블라인드가 올려져 있는 상태)일 때 어두워지면(조도센서 ≤ 500) 서보모터를 회전해서 블라인드를 내립니다.

조건	서보모터 움직임
up == 0 && 조도센서 〉 500	정방향 2초 회전(0도)
up == 1 && 조도센서 〉 500	정지(90도)
up == 1 && 조도센서 ≤ 500	역방향 2초 회전(180도)
up == 0 && 조도센서 ≤ 500	정지(90도)

마이크로비트에 코드를 다운로드하여 동작을 확인합니다.

2 메이킹

아침이 밝았는데도 일어나지 않는 레비를 위해 해가 뜨면 자동으로 올라가는 블라인드를 만들어야겠어요.
잠꾸러기 레비를 깨우기 위해서죠. 먼저 준비물이 필요하겠죠?

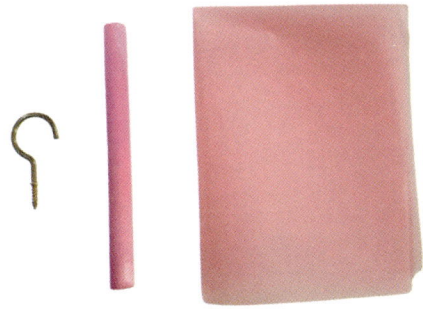

수수깡, 한지, 고리형 나사입니다.
수수깡을 창문 크기에 맞게 잘라 주세요.
한지도 창문 크기에 맞게 잘라 주세요.

크기에 맞게 잘랐다면 수수깡에 한지를 잘 붙여 줍니다.
그리고 한지 끝에 서보모터 날개를 글루건으로 붙여 줍니다.

자동 블라인드 75

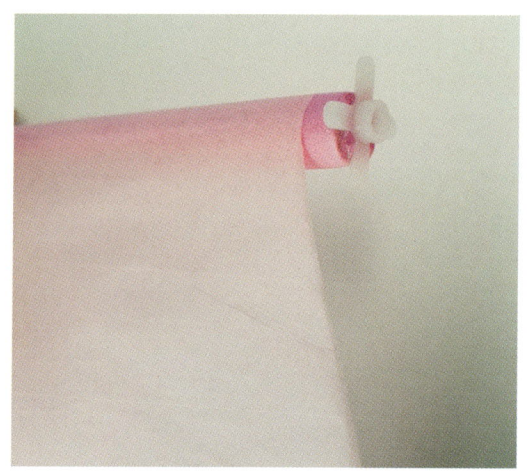

글루건으로 고정이 잘 되었다면 이제 창문에 장착을 해 볼까요?
서보모터 방향을 잘 체크한 후에 블라인드 방향에 잘 맞게 붙여 주어야 합니다.
그렇지 않으면 블라인드가 반대로 돌아갈 수 있어요~

침대 맞은편 창문에 잘 장착이 되었습니다.

블라인드가 올라간 사진입니다.

이제 해가 뜨면 블라인드가 자동으로 올라가서 레비가 일찍 일어나겠죠?

다음으로, 아두이노를 이용해서 자동 블라인드를 만들어 보겠습니다.

아두이노 따라 하기

학습목표	조도센서와 서보모터를 이용하여 자동 블라인드를 만듭니다.
핵심 키워드	아두이노, 조도센서, 360도 서보모터
준비물	아두이노 우노 보드, 조도센서 모듈, 360도 서보모터, USB-B 데이터 케이블, 미니 브레드 보드, FM점퍼선, MM점퍼선
학습 시간	회로 구성: 5분 소프트웨어 코딩: 10분 메이킹: 20분
학습 난이도	★★☆☆☆

1. 기능 구현

1. 기능 정의

- 아침이 되면 (조도센서값 > 500)
    - 거실의 블라인드가 올라간다.

- 밤이 되면 (조도센서값 ≤ 500)
  - 블라인드가 내려온다.

2. 회로 구성

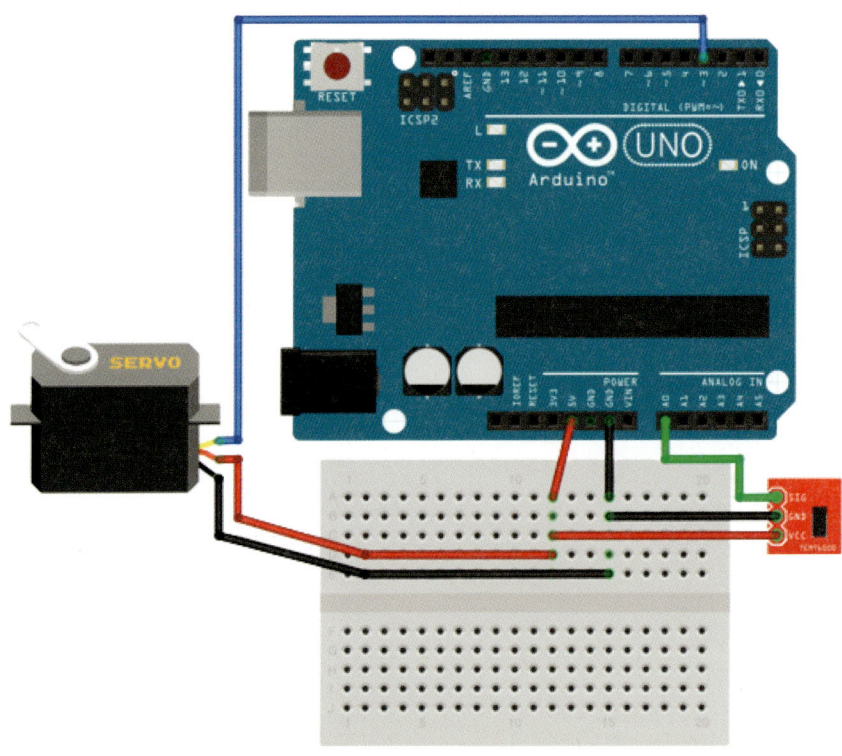

아두이노 우노 보드	조도센서 모듈
A0	S
5V	VCC
GND	GND

아두이노 우노 보드	360도 서보모터
GND	검정색 선
5V	빨강색 선
D3	흰색 선

참고) 다른 서보모터의 경우 빨강-V, 갈색-GND, 주황-S 일 수 있습니다.

3. 스케치 작성

1. 아두이노 IDE 를 시작합니다.
2. 프로젝트 이름은 "4_automatic_blind"으로 저장합니다.
3. 소스 코드

가. 헤더파일 추가, 서보모터 객체 생성, 변수 선언하기

- 서보모터 헤더파일을 추가합니다.
- Servo 서보모터이름
  - 아두이노에 연결된 서보모터를 사용할 수 있도록 객체를 생성합니다.
- 서보모터 사용을 위한 변수를 선언하고 핀번호를 설정합니다.
- 조도센서 사용을 위한 변수를 선언하고 핀번호를 설정합니다.
- 서보모터 동작을 위한 변수를 선언하고 초깃값 설정합니다.

```
#include <Servo.h>      //서보모터 헤더파일 추가
Servo myServo;          //서보모터 객체 생성

int SERVO_pin = 3;      //서보모터 핀번호 지정
int CDS_pin = A0;       //조도센서 핀번호 지정

boolean blind_state = false;//false : 블라인드 down,
                            // true : 블라인드 up
```

나. setup( ) 함수

- 서보모터이름.attach(pin)
  - 서보모터를 초기화합니다.
  - pin: 신호를 출력할 핀번호 지정
- pinMode(pinNumber, mode)
  - 아두이노의 특정핀을 입력 또는 출력으로 동작하도록 설정합니다.
  - pinNumber: 모드를 설정하려는 핀번호
  - mode: INPUT, OUTPUT, INPUT_PULLUP

```
void setup() {
  myServo.attach(SERVO_pin);//서보모터 2번핀으로 초기화
  pinMode(CDS_pin, INPUT);   //조도센서 핀모드 설정
  Serial.begin(9600);
}
```

다. loop( ) 함수

- analogRead(pin)
  - 지정한 아날로그 핀에서 값을 읽어 옵니다.
  - pin: 읽으려는 아날로그 핀번호(A0~A5)
  - 반환값: 0~1023
- 서보모터이름.write(angle)
  - 서보모터의 위치를 설정합니다.
  - angle: 회전각도
- delay(ms)
  - 시간 간격을 설정합니다.
  - ms: 밀리초, 1000ms = 1초

```arduino
void loop() {
  int cds_value = analogRead(CDS_pin);//조도센서값 읽어오기
  Serial.println(cds_value);

  if(cds_value > 500 ){//밝은 경우 : 아침
    if( blind_state == false){//블라인드가 내려와 있는 경우
      myServo.write(0);   //서보모터 0도로 회전
      delay(1000);
      myServo.write(90);  //서보모터 90도로 회전
      blind_state = true; //블라인드 up
    }
  }else{
    if(blind_state == true){//블라인드가 올라간 경우
      myServo.write(180);  //서보모터 180도로 회전
      delay(1000);
      myServo.write(90);   //서보모터 90도로 회전
      blind_state = false;//블라인드 down
    }
  }
}
```

→ 조도센서의 값을 읽어 와서 500보다 크면 즉, 아침이 되면 블라인드를 올리고 500 이하면 즉, 어두워지면 블라인드를 내립니다.

→ 낮 또는 밤에 계속 블라인드가 동작하는 것을 방지하기 위해 blind_state 변수를 사용하여 처음에만 동작하도록 하였습니다.

 Tip

블라인드가 동작하기 위해 기준이 되는 조도센서값은 상황에 따라 달라질 수 있으니 어두워졌을 때와 밝아졌을 때 조도센서값을 확인 후 작업해 주세요!

전체 코드

```arduino
#include <Servo.h>   //서보모터 헤더파일 추가
Servo myServo;       //서보모터 객체 생성

int SERVO_pin = 3;   //서보모터 핀번호 지정
int CDS_pin = A0;    //조도센서 핀번호 지정

boolean blind_state = false;//false : 블라인드 down,
                            // true : 블라인드 up

void setup() {
  myServo.attach(SERVO_pin);//서보모터 2번핀으로 초기화
  pinMode(CDS_pin, INPUT);  //조도센서 핀모드 설정
  Serial.begin(9600);
}

void loop() {
  int cds_value = analogRead(CDS_pin);//조도센서값 읽어오기
  Serial.println(cds_value);

  if(cds_value > 500 ){//밝은 경우 : 아침
    if( blind_state == false){//블라인드가 내려와 있는 경우
      myServo.write(0);     //서보모터 0도로 회전
      delay(1000);
      myServo.write(90);    //서보모터 90도로 회전
      blind_state = true;   //블라인드 up
    }
  }else{
    if(blind_state == true){//블라인드가 올라간 경우
      myServo.write(180);   //서보모터 180도로 회전
      delay(1000);
      myServo.write(90);    //서보모터 90도로 회전
      blind_state = false;//블라인드 down
    }
  }
}
```

4. 보드와 포트 설정하기

가. [툴] → [보드] → [Arduino Uno]을 선택합니다.

나. [툴] → [포트] → [COM9(Arduino Uno)]을 선택합니다.

5. 컴파일 및 업로드하기

가. [확인] 버튼을 눌러 컴파일을 수행합니다.

나. [업로드] 버튼을 눌러 업로드합니다.

3 메이킹

블라인드가 내려져 있는 사진입니다.

블라인드가 올라가는 사진입니다.

미세먼지 감지기

올해도 여전히 미세먼지가 심각합니다. 그러나 외부의 미세먼지뿐 아니라 실내에서 발생하는 미세먼지도 위험하다는 것 알지요? 미세먼지 측정기를 하나 만들어서 우리 집 환경도 한 번 확인해 볼까요?

05장

05 미세먼지 감지기

1 미세먼지센서 알아보기

1. 미세먼지센서란?

미세먼지센서는 적외선 방출 다이오드와 빛 트랜지스터를 이용하여 공기 중 먼지의 반사광을 감지하여 미세먼지를 측정하는 센서입니다.

센서 안쪽의 적외선 LED가 켜지면 센서의 중앙에 뚫린 구멍을 통과하는 먼지에 의해 반사되는 값을 반대편에 있는 적외선 수신기가 받아서 먼지의 양을 측정하게 됩니다.

이때 먼지가 많을수록 반환되는 값이 커지고 그 값은 사용되는 전압을 뜻합니다. 미세먼지센서는 150옴 저항과 캐패시터를 사용하여 회로를 구성해야 하는데, 이 작품에서는 미세먼지센서 모듈을 사용하도록 하겠습니다.

마이크로비트 따라 하기

학습목표	미세먼지 센서를 이용한 미세먼지 감지기를 만들어 봅니다.
핵심 키워드	마이크로비트, 미세먼지센서, GP2Y1010AU0F, 미세먼지 감지기
준비물	마이크로비트, 센서비트, 미세먼지 센서 모듈, RGB LED 모듈, 부저 모듈, 케이블,
학습 시간	회로 구성: 5분 소프트웨어 코딩: 10분 메이킹: 20분
학습 난이도	★★★☆☆

1. 기능 구현

1. 기능 정의

미세먼지 감지 센서를 이용하여 주변 먼지를 측정한다.

측정값에 따라서 RGB LED 로 상태를 표시한다.

- 0~15: 녹색
- 16~35: 노랑
- 36~75: 주황
- 76 이상: 빨강

또한 값이 76 이상이 되면 부저도 울린다.

 **Tip**

	미세먼지(PM2.5) 예보기준(일평균) – 단위: $\mu g/m^3$			
구분	좋음	보통	나쁨	매우 나쁨
수치	0~15	16~35	36~75	76 이상

2. 회로 구성

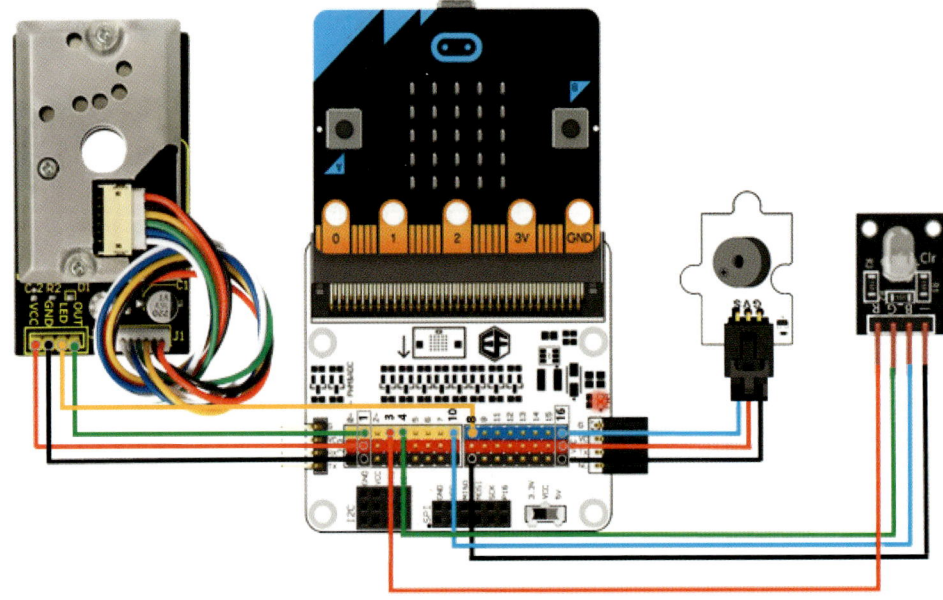

마이크로비트	미세먼지센서 모듈
3V	VCC
GND	GND
8	LED
1	OUT

마이크로비트	RGB LED 모듈
GND	-
3	R
4	G
10	B

마이크로비트	부저 모듈
3V	V
GND	G
16	S

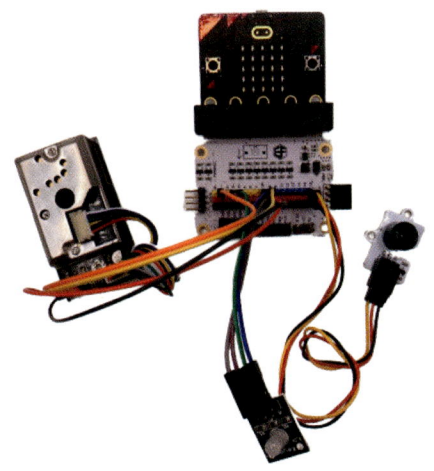

미세먼지센서 모듈의 VCC/GND를 맞추어 연결하고, "LED" 핀은 센서비트의 8번 핀에, "OUT" 핀은 센서비트의 1번 핀에 연결합니다.

3. 기능 구현

1. MakeCode 편집기를 실행합니다. [URL] https://makecode.microbit.org/
2. 프로젝트 이름을 "5_미세먼지감지기"로 저장하고 새 프로젝트를 생성합니다.
3. 확장 → "dust" 검색하여 iot environment kit 블록을 추가합니다.

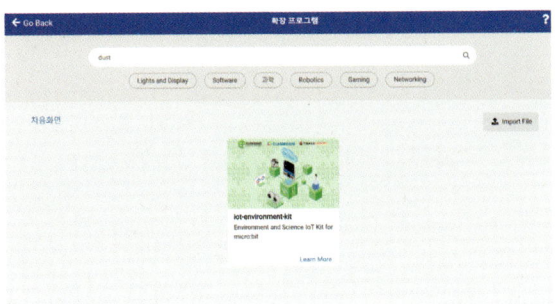

추가된 기능 중에 Octopus 블록들을 살펴보면 아래쪽에 "value of dust at LED (pin) out (pin)" 블록이 있습니다.

우리가 사용할 미세먼지 측정 블록입니다.

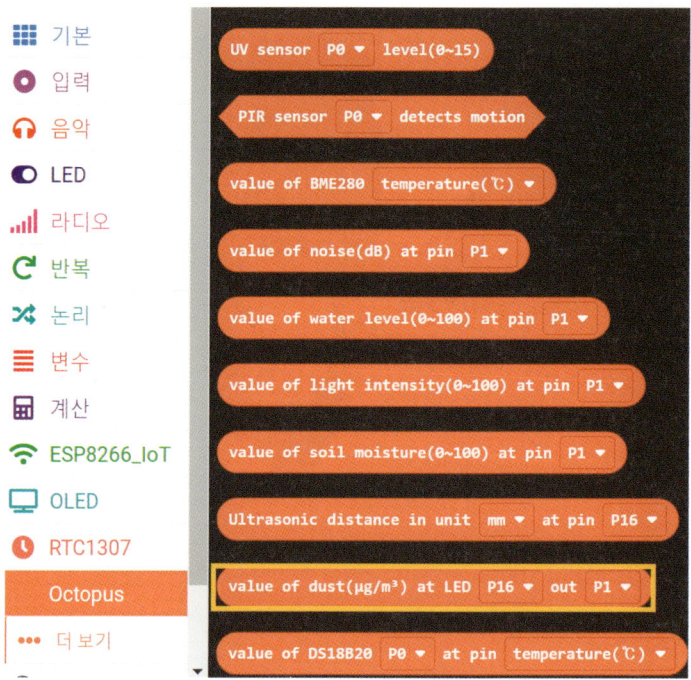

미세먼지센서 모듈의 LED는 8번 핀에 out은 1번 핀에 연결합니다. VCC와 GND도 맞춰서 연결합니다.

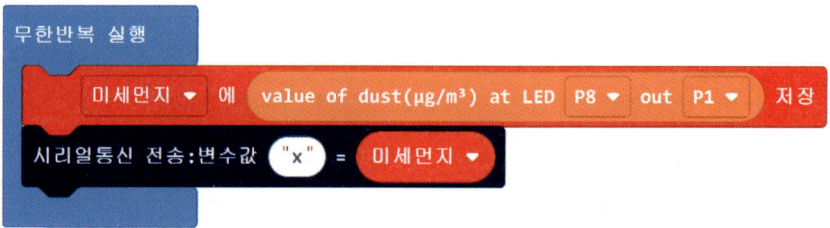

마이크로비트에 코드를 다운로드하여 동작을 확인합니다. 컴퓨터와 마이크로비트를 페어링 한 상태에서 "Show data 장치 구성"을 클릭하면 실시간으로 센서 상태를 확인할 수 있습니다.

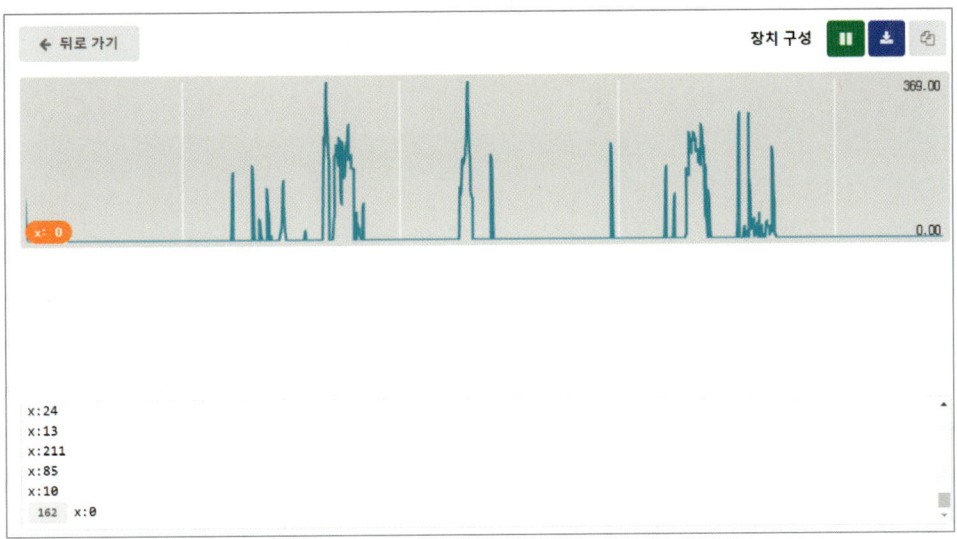

미세먼지센서가 잘 동작한다면 이제 본격적으로 코딩을 합니다.

이번 프로젝트에서는 미세먼지센서 모듈, RGB LED 모듈, 부저 모듈이 연결됩니다.

이중 RGB LED와 부저에 대해서 **시작하면 실행** 블록에서 초깃값을 설정합니다.

RGB LED는 꺼 놓은 상태로 값을 지정하고, 부저는 16번 핀에서 사용하므로 소리 출력을 P16으로 설정합니다.

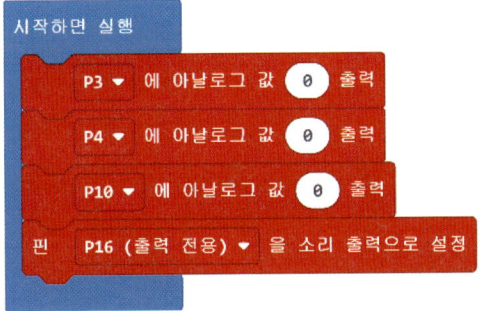

무한 반복 실행 블록에서 미세먼지 값을 측정하고 값에 따라서 LED색을 변경합니다.

동작을 확인합니다.

잘 동작하면 이제 미세먼지 값이 75 이상인 경우 경고음을 내는 코드를 추가합니다.

코드가 완성되었습니다. 동작을 확인하고 메이킹합니다.

 **Tip**

미세먼지 확인할 때 화장지를 사용하면 좋아요~ 미세먼지센서의 구멍 위에서 화장지를 잘게 손으로 뜯으면 센서가 반응합니다.

2 메이킹

요즘 미세먼지가 너무 심해져서 레비가 엄청 고생하고 있어요.
밖은 물론이고 집에도 미세먼지가 너무 많아졌죠.
반려동물을 키우는 집은 물론 더 심하겠죠?
그래서 이번에는 미세먼지 감지기를 만들어 볼까 합니다.
준비물이 필요하겠죠?

보드지, 칼이 필요합니다.
보드지로 공기청정기 모양의 박스를 만들 예정이에요.
작은 화장품 상자를 이용하셔도 좋을 듯합니다.
그럼 만들어 볼까요~
보드지를 크기에 맞게 잘라 줍니다.
상자 모양으로 만들어야 하니 벽 쪽 4면과 윗면과 아랫면이 필요하겠죠?

한쪽 면에 미세먼지센서 모듈의 크기에 맞게 구멍을 내 줍니다.

다른 쪽 면에도 부저 모듈과와 RGB LED 센서 모듈의 크기에 맞게 구멍을 뚫어 줍니다.
구멍을 맞게 잘 뚫었다면 각 부품을 잘 장착해 줍니다.

미세먼지센서 모듈을 잘 고정하고 케이블을 잘 연결합니다.

다른 한쪽 면에도 부저 모듈과 RGB LED 모듈을 장착합니다.
이제 마이크로비트에 연결해서 동작을 해 볼까요~

마이크로비트에 연결한 사진입니다.

동작 영상 사진입니다.
이제 미세먼지 걱정은 하지 마~ 레비~
미세먼지 감지기가 레비를 지켜 줄 거에요.

레비가 소파에 앉아서 TV를 시청하고 있네요~

다음으로, 아두이노를 이용해서 미세먼지 감지기를 만들어 보겠습니다!

아두이노 따라 하기

학습목표	미세먼지 센서를 이용한 미세먼지 감지기를 만들어 봅니다.
핵심 키워드	아두이노, 미세먼지센서, GP2Y1010AU0F
준비물	아두이노 우노 보드, 미세먼지센서 모듈, RGB LED 모듈, 부저 모듈, USB-B 데이터 케이블, 미니 브레드 보드, FM점퍼선, MM점퍼선
학습 시간	회로 구성: 5분 소프트웨어 코딩: 15분 메이킹: 20분
학습 난이도	★★★☆☆

여기서 잠깐!

* 미세먼지 밀도($\mu g/m^3$)를 구하는 방법
  - 방법 1: 선형방정식을 구하여 적용하는 방식

    미세먼지 밀도 = (0.17 x (먼지센서값 x (5.0/1024))) x 1000

  - 방법 2: 샤프 먼지센서 Data Sheet에 규정한 감도를 적용하는 방식

    미세먼지 밀도 = ((먼지센서값 x (5.0/1024)) - 0.6) / 0.005

  → 아두이노 작품은 "방법2"로 미세먼지 측정

* 미세먼지(PM10) 예보기준(일평균) – 단위: µg/m³

구분	좋음	보통	나쁨	매우 나쁨
수치	0~30	31~80	81~150	151 이상

1. 기능 구현

1. 기능 정의
- 미세먼지 감지 센서를 이용하여 주변 먼지를 측정합니다. 이때 측정값이
    - 0~30이면 **파랑색** LED 켜기
    - 31~80이면 **녹색** LED 켜기
    - 81~150이면 **노란색** LED 켜기
    - 151 이상이면 **빨간색** LED 켜기, 이후 부저가 울린다.

2. 회로 구성

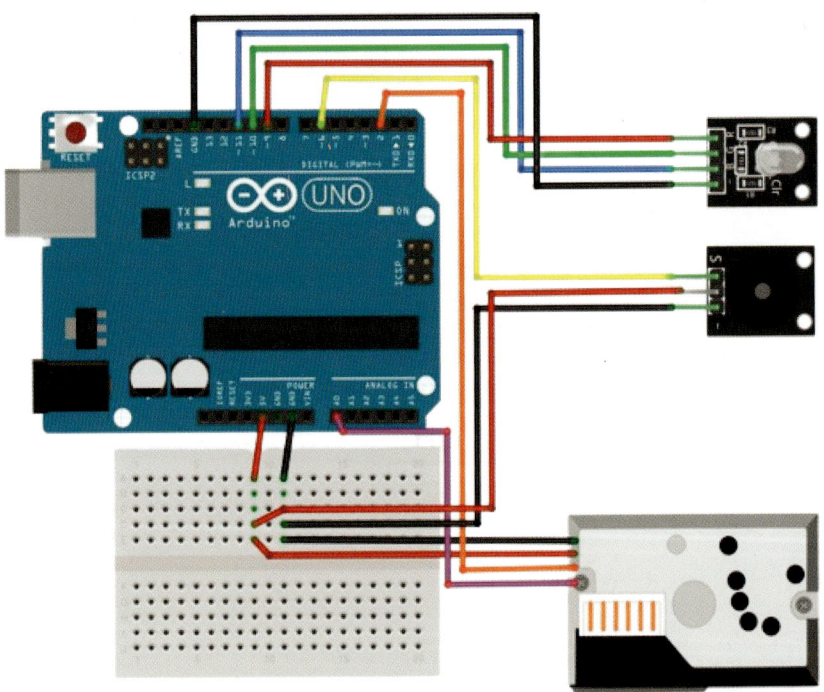

아두이노 우노 보드	RGB LED 모듈
D9	R
D10	G
D11	B
GND	-

아두이노 우노 보드	부저 모듈
D6	S
5V	V
GND	G

아두이노 우노 보드	미세먼지센서 모듈
GND	GND
5V	VCC
D2	LED
A0	OUT

3. 스케치 작성

1. 아두이노 IDE를 시작합니다.
2. 프로젝트 이름은 "5_fine_dust_detecotr"으로 저장합니다.
3. 소스 코드

가. 변수 선언하기

- RGB LED 사용을 위한 변수를 선언하고 핀번호를 설정합니다.
- 피에조 부저 사용을 위한 변수를 선언하고 핀번호를 설정합니다.
- 미세먼지센서 사용을 위한 변수를 선언하고 핀번호를 설정합니다.

```c
int R_LED_pin = 9;       //red led 11번핀 사용
int G_LED_pin = 10;      //green led 10번핀 사용
int B_LED_pin = 11;      //blue led 9번핀 사용

int BUZZER_pin = 6;      //부저 6번핀 사용

int DUST_LED_pin = 2;    //미세먼지센서안에 있는 적외선led - 2번핀 사용
int DUST_OUT_pin = A0;   //미세먼지센서 out - A0핀 사용
float dust_value = 0;    //미세먼지센서가 읽을 미세먼지 값
float voltage = 0;       //미세먼지센서가 읽은값을
                         //전압으로 변경하기 위한 변수
float dust_denstity = 0; //실제 미세먼지 밀도
int sampling_time = 280; //미세먼지센서의 LED를 켜고,
                         //센서 값을 읽어 들여 미세먼지를 측정하는 시간
int waiting_time = 40;   //미세먼지 측정을 멈추는 시간
float off_time = 9680;   //미세먼지센서 구동하지 않는 시간
```

나. setup( ) 함수

- **pinMode**(pin, mode)
  - 아두이노의 특정핀을 입력 또는 출력으로 동작하도록 설정합니다.
  - pin: 모드를 설정하려는 핀번호
  - mode: INPUT, OUTPUT, INPUT_PULLUP
- **Serial.begin**(speed)
  - 시리얼통신을 9600보드레이트 속도로 시작합니다.
  - speed: 전송속도, 초당 비트수

```
void setup() {
  pinMode(R_LED_pin, OUTPUT);   //red led 핀모드 설정
  pinMode(G_LED_pin, OUTPUT);   //green led 핀모드 설정
  pinMode(B_LED_pin, OUTPUT);   //green led 핀모드 설정
  pinMode(BUZZER_pin, OUTPUT);  //부저 핀모드 설정
  pinMode(DUST_LED_pin, OUTPUT);//미세먼지센서 LED 핀모드 설정
  pinMode(DUST_OUT_pin, INPUT); //미세먼지센서 OUT 핀모드 설정

  Serial.begin(9600);
}
```

다. loop( ) 함수

- **digitalWrite**(pin, value)
  - 지정한 디지털 핀에 값을 출력합니다.
  - pin: 핀번호
  - value: 출력할 값, HIGH 또는 LOW

- **delayMicroseconds**(us);
  - 지정된 시간(마이크로초) 동안 프로그램을 일시정지합니다.
  - us: 마이크로초

- **analogRead**(pin)
  - 지정한 아날로그 핀에서 값을 읽어 옵니다.
  - pin: 읽으려는 아날로그 핀번호(A0~A5)
  - 반환값: 0~1023

- **Serial.println**(data)
  - 시리얼통신으로 데이터를 출력합니다.
  - data: 출력할 데이터

- **tone**(pin, frequency), **tone**(pin, frequency, duration)
  - 핀에 특정 주파수를 출력합니다.
  - pin: 출력할 핀
  - frequency: 주파수(Hz 단위)

- duration: 지속 시간(밀리초 단위)
- noTone(pin)
  - 주파수 출력을 멈춥니다.
  - pin: 출력할 핀
- delay(ms)
  - 시간 간격을 설정합니다.
  - ms: 밀리초, 1000ms = 1초

```
void loop() {
  //미세먼지센서 적외선 LED ON
  digitalWrite(DUST_LED_pin, LOW);
  //샘플링해주는 시간, 280ms
  delayMicroseconds(sampling_time);
  //미세먼지 읽어오기,anlogData
  dust_value = analogRead(DUST_OUT_pin);
  //많은 샘플링 데이터를 얻는 것을 피하기 위해 잠시 멈추는 시간
  delayMicroseconds(waiting_time);
  //미세먼지센서 적외선 LED OFF
  digitalWrite(DUST_LED_pin,HIGH);
  //미세먼지 구동 멈추기 위한 시간, 9680ms
  delayMicroseconds(off_time);
  //미세먼지 아날로그값을 전압값으로 변경하기
  voltage = dust_value*(5.0/1024.0);
  //실제 측정되는 미세먼지 밀도
  dust_denstity = (voltage-0.6)/0.005;

  Serial.println(String("dust:")+dust_value
        +String(" , vot:")+voltage+String(" , denstity(μg/m³):")
        +dust_denstity+String(" / ")+(0.17*voltage-0.1)*1000 );

  //미세먼지 매우나쁨인 경우 빨강LED ON
  if(dust_denstity>151){
    digitalWrite(R_LED_pin, 255);
    digitalWrite(G_LED_pin, 0);
    digitalWrite(B_LED_pin, 0);

    tone(BUZZER_pin, 261);
    delay(100);
    noTone(BUZZER_pin);
  }
```

```cpp
//미세먼지 나쁨인 경우 주황LED ON
else if(dust_denstity>81 && dust_denstity <= 150){
  digitalWrite(R_LED_pin, 255);
  digitalWrite(G_LED_pin, 94);
  digitalWrite(B_LED_pin, 0);
}
//미세먼지 보통인 경우 노랑LED ON
else if(dust_denstity>31 && dust_denstity <= 80){
  digitalWrite(R_LED_pin, 255);
  digitalWrite(G_LED_pin, 255);
  digitalWrite(B_LED_pin, 0);
}
//미세먼지 좋음인 경우 초록LED ON
else if(dust_denstity>0 && dust_denstity <= 31){
  digitalWrite(R_LED_pin, 0);
  digitalWrite(G_LED_pin, 255);
  digitalWrite(B_LED_pin, 0);
}

  delay(1000);
}
```

→ 미세먼지센서의 적외선 LED를 켠 후 280 마이크로초 동안 미세먼지 값을 읽어 옵니다.

→ 40 마이크로초 이후에 적외선 LED를 끄고

→ 9680 마이크로초 동안 미세먼지센서의 구동을 멈춥니다.

→ 읽어 온 미세먼지 값으로 미세먼지의 밀도를 계산합니다.

→ 미세먼지밀도에 따라 LED 의 색이 변하고 "매우 나쁨"의 경우 경고음도 출력합니다.

전체코드

```
int R_LED_pin = 9;      //red led 11번핀 사용
int G_LED_pin = 10;     //green led 10번핀 사용
int B_LED_pin = 11;     //blue led 9번핀 사용

int BUZZER_pin = 6;     //부저 6번핀 사용

int DUST_LED_pin = 2;   //미세먼지센서안에 있는 적외선led - 2번핀 사용
int DUST_OUT_pin = A0;  //미세먼지센서 out - A0핀 사용
float dust_value = 0;   //미세먼지센서가 읽은 미세먼지 값
float voltage = 0;      //미세먼지센서가 읽은값을
                        //전압으로 변경하기 위한 변수
float dust_denstity = 0;//실제 미세먼지 밀도
int sampling_time = 280;//미세먼지센서의 LED를 켜고,
                        //센서 값을 읽어 들여 미세먼지를 측정하는 시간
int waiting_time = 40;  //미세먼지 측정을 멈추는 시간
float off_time = 9680;  //미세먼지센서 구동하지 않는 시간

void setup() {
  pinMode(R_LED_pin, OUTPUT);    //red led 핀모드 설정
  pinMode(G_LED_pin, OUTPUT);    //green led 핀모드 설정
  pinMode(B_LED_pin, OUTPUT);    //green led 핀모드 설정
  pinMode(BUZZER_pin, OUTPUT);   //부저 핀모드 설정
  pinMode(DUST_LED_pin, OUTPUT); //미세먼지센서 LED 핀모드 설정
  pinMode(DUST_OUT_pin, INPUT);  //미세먼지센서 OUT 핀모드 설정

  Serial.begin(9600);
}

void loop() {
  //미세먼지센서 적외선 LED ON
  digitalWrite(DUST_LED_pin, LOW);
  //샘플링해주는 시간, 280ms
  delayMicroseconds(sampling_time);
  //미세먼지 읽어오기,anlogData
  dust_value = analogRead(DUST_OUT_pin);
  //많은 샘플링 데이터를 얻는 것을 피하기 위해 감시 멈추는 시간
  delayMicroseconds(waiting_time);
  //미세먼지센서 적외선 LED OFF
  digitalWrite(DUST_LED_pin,HIGH);
  //미세먼지 구동 멈추기 위한 시간, 9680ms
  delayMicroseconds(off_time);
  //미세먼지 아날로그값을 전압값으로 변경하기
  voltage = dust_value*(5.0/1024.0);
  //실제 측정되는 미세먼지 밀도
  dust_denstity = (voltage-0.6)/0.005;
```

```
Serial.println(String("dust:")+dust_value
        +String(" , vot:")+voltage+String(" , denstity(μg/m³):")
        +dust_denstity+String(" / ")+(0.17*voltage-0.1)*1000 );

//미세먼지 매우나쁨인 경우 빨강LED ON
if(dust_denstity>151){
    digitalWrite(R_LED_pin, 255);
    digitalWrite(G_LED_pin, 0);
    digitalWrite(B_LED_pin, 0);

    tone(BUZZER_pin, 261);
    delay(100);
    noTone(BUZZER_pin);
}
```

```
//미세먼지 나쁨인 경우 주황LED ON
else if(dust_denstity>81 && dust_denstity <= 150){
    digitalWrite(R_LED_pin, 255);
    digitalWrite(G_LED_pin, 94);
    digitalWrite(B_LED_pin, 0);
}
//미세먼지 보통인 경우 노랑LED ON
else if(dust_denstity>31 && dust_denstity <= 80){
    digitalWrite(R_LED_pin, 255);
    digitalWrite(G_LED_pin, 255);
    digitalWrite(B_LED_pin, 0);
}
//미세먼지 좋음인 경우 초록LED ON
else if(dust_denstity>0 && dust_denstity <= 31){
    digitalWrite(R_LED_pin, 0);
    digitalWrite(G_LED_pin, 255);
    digitalWrite(B_LED_pin, 0);
}

delay(1000);
}
```

4. 보드와 포트 설정하기

가. [툴] → [보드] → [Arduino Uno]을 선택합니다.

나. [툴] → [포트] → [COM9(Arduino Uno)]을 선택합니다.

5. 컴파일 및 업로드하기

가. [확인] 버튼을 눌러 컴파일을 수행합니다.

나. [업로드] 버튼을 눌러 업로드합니다.

3 메이킹

미세먼지 감지기 장착 사진입니다.

미세먼지 감지기 동작 사진입니다.

MEMO

무드등

레비는 어두운 밤이 너무 싫어요. 잠들 때까지 옆을 지켜줄 무지갯빛 예쁜 무드등을 만들어 볼게요. 날이 어두워지면 밝히는 무드등을 여러 가지 색깔로 표현하여 방의 분위기를 바꾸어 볼게요.

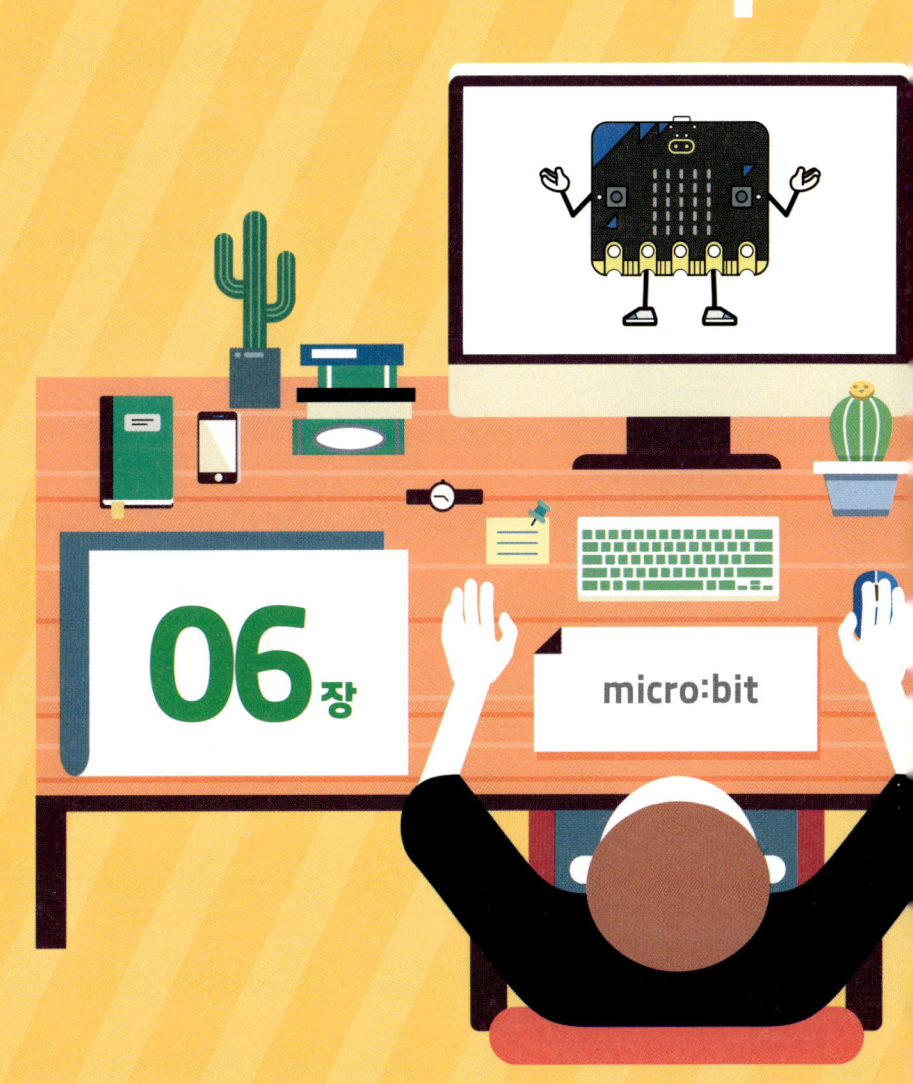

06 무드등

1 네오픽셀과 ADKeypad 모듈 알아보기

1. 네오픽셀이란?

네오픽셀은 LED의 일종으로 RGB LED가 사용되어 다양한 색상을 나타낼 수 있는 멀티컬러 LED입니다.

네오픽셀은 단일 타입, 링 타입, 매트릭스 타입, 스트립 타입, 스틱 타입, 쉴드 타입 등 다양한 모양의 네오픽셀이 있고 아두이노의 경우 adafruit에서 제공하는 하나의 라이브러리로 쉽게 제어가 가능하여 다양한 프로젝트에 사용할 수 있습니다.

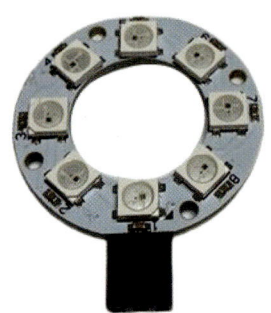

2. ADKeypad 모듈이란?

ADKeypad는 아날로그 출력 장치이며, 키패드로 사용됩니다.

총 5개의 버튼으로 구성되어 있는데 각 버튼마다 다른 값을 반환하여 버튼마다 다른 동작을 하도록 작업하는 데 유용합니다.

 마이크로비트 따라 하기

학습목표	레인보우 LED 링(네오픽셀 LED 링)와 ADKeypad를 이용하여 색을 바꿀 수 있는 무드등을 만듭니다.
핵심 키워드	마이크로비트, 레인보우 LED 링(네오픽셀 LED 링), ADKeypad, 무드등
준비물	마이크로비트, 센서비트, 레인보우 LED 링(네오픽셀 LED 링), ADKeypad 모듈, FF점퍼 케이블, 3색 전용 케이블, USB 데이터 케이블, 배터리팩, AAA 배터리 2개
학습 시간	회로 구성: 5분 소프트웨어 코딩: 10분 메이킹: 20분
학습 난이도	★☆☆☆☆

1. 기능 구현

1. 기능 정의

ADKeypad 모듈의 버튼마다 다른 색을 표현하게 하는 무드등을 만듭니다.

- ADkeypad의 A 버튼: 무지개색 ON
- ADkeypad의 B 버튼: 무드등 OFF
- ADkeypad의 C 버튼: 빨간색 ON
- ADkeypad의 D 버튼: 노란색 ON
- ADkeypad의 E 버튼: 하얀색 ON

2. 회로 구성

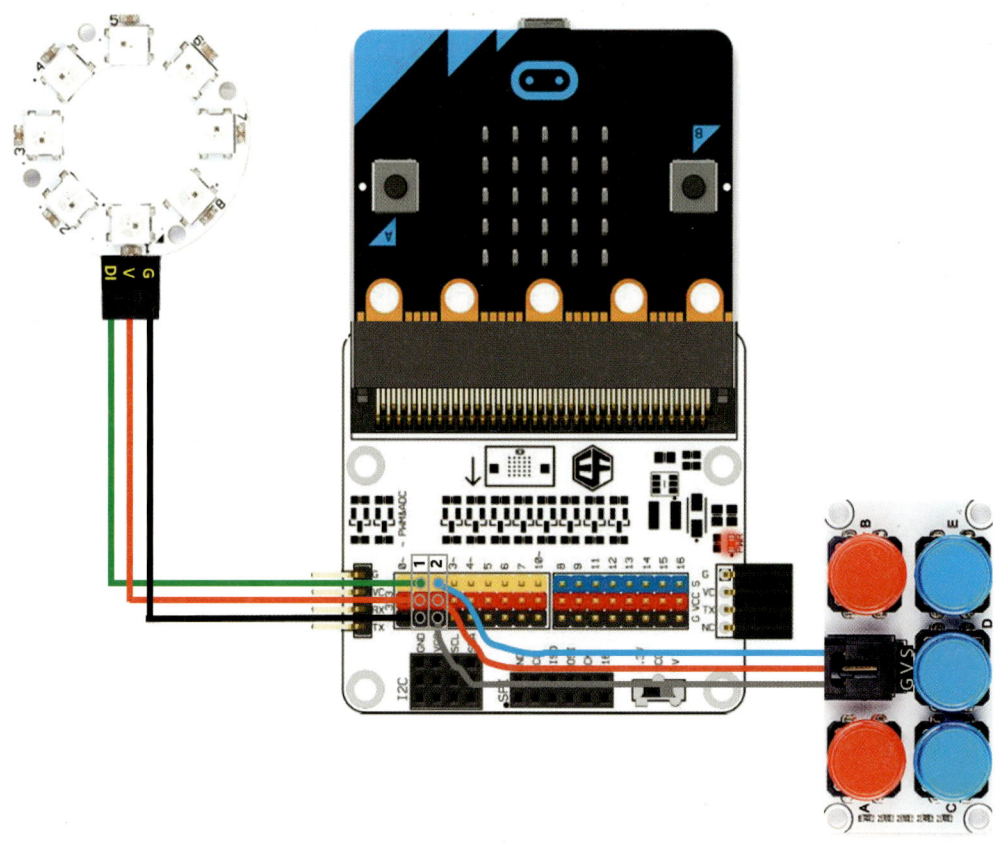

마이크로비트	레인보우 LED 링
3V	V
GND	G
1	DI

마이크로비트	ADKeypad 모듈
3V	V
GND	G
2	S

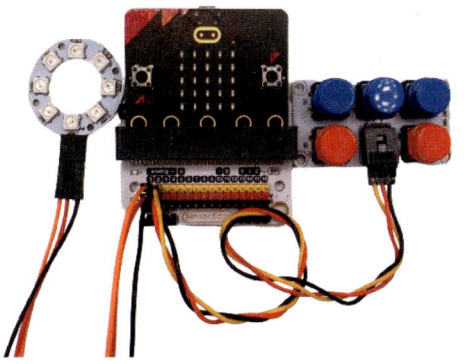

3. 기능 구현

1. MakeCode 편집기를 실행합니다. [URL] https://makecode.microbit.org/
2. 프로젝트 이름을 "6_무드등"으로 저장하고 새 프로젝트를 생성합니다.
3. 확장 → "neopixel" 검색하여 neopixel을 추가합니다.

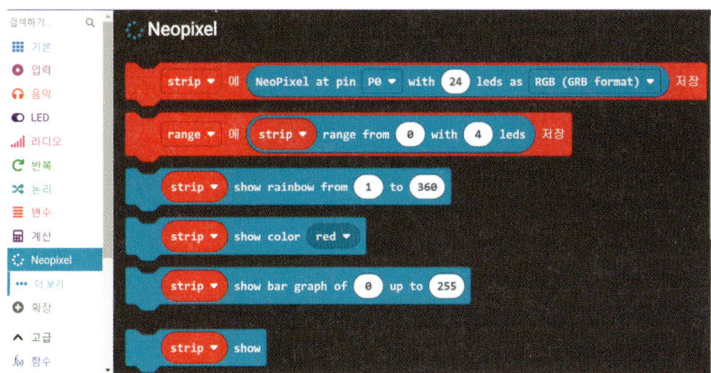

네오픽셀 블록이 추가되었습니다.

⏰ 여기서 잠깐 – ADKeypad 모듈에 대해서 알아봅니다

ADKeypad는 한 개의 아날로그 입력을 사용하여 5개의 버튼을 제어할 수 있는 모듈입니다. 각 버튼별로 다른 값이 측정되므로 입력되는 값으로 버튼을 예측할 수 있습니다.

제품별로 조금씩 값이 다를 수 있으므로 사용 전에 값을 측정해 보고 반영하여 사용합니다.

시리얼통신이나 수출력을 이용하여 값을 확인합니다.

코드를 마이크로비트에 다운로드한 후 ADKeypad의 버튼을 길게 누르고 있어야 확인이 가능합니다.

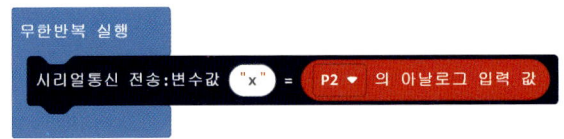

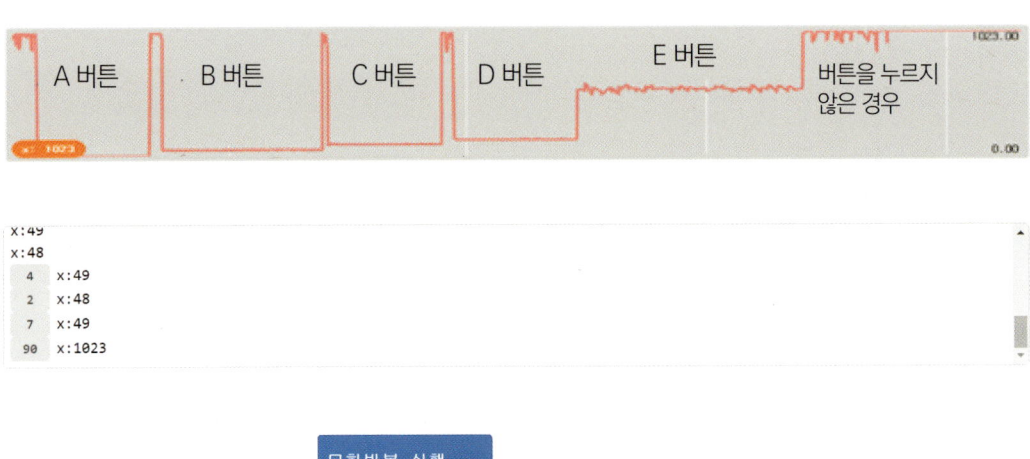

버튼을 누르지 않은 경우와 각 버튼을 누르는 경우 다음과 같은 값이 출력되었습니다.

버튼을 누르지 않은 상태: 1023

A: 0

B: 49

C: 93

D: 134

E: 550

레인보우 LED 링(네오픽셀 LED 링)을 사용하기 위해서는 초깃값(pin, 네오픽셀 개수)을 설정해야 합니다.

[시작하면 실행] strip 에 NeoPixel at pin P1 with 8 leds as RGB (GRB format) 저장

[무한반복 실행] ADKeypad 에 P2 의 아날로그 입력 값 저장

변수 **ADKeypad**를 만들어 ADKeypad의 입력값을 저장합니다.

ADKeypad의 버튼을 누를 때마다 변수 **ADKeypad**에 값이 저장됩니다. 버튼마다 다른 값이 저장됩니다.

지금 사용하는 ADKeypad 모듈은 다음과 같은 범위의 값을 갖습니다.

A: 0~5

B: 45~55

C: 90~100

D: 130~140

E: 545~555

우리가 만드는 무드등은 ADKeypad 버튼을 눌러서 동작시킵니다.

A 버튼을 누르면 LED가 무지개 색으로 켜집니다.

B 버튼을 누르면 LED가 꺼집니다.

C 버튼을 누르면 LED가 빨간색으로 켜집니다.

D 버튼을 누르면 LED가 노란색으로 켜집니다.

E 버튼을 누르면 LED가 하얀색으로 켜집니다.

무한반복 실행 블록 안에 각각의 버튼에 대한 조건식과 네오픽셀 LED 동작 블록을 추가합니다.

```
시작하면 실행
  strip ▼ 에 NeoPixel at pin P1 ▼ with 8 leds as RGB (GRB format) ▼ 저장

무한반복 실행
  ADKeypad ▼ 에 P2 ▼ 의 아날로그 입력 값 저장
  만약(if) ADKeypad ▼ ≥ ▼ 0 그리고(and) ▼ ADKeypad ▼ < ▼ 5 이면(then) 실행    A버튼
      strip ▼ show rainbow from 1 to 360
  만약(if) ADKeypad ▼ ≥ ▼ 45 그리고(and) ▼ ADKeypad ▼ < ▼ 55 이면(then) 실행   B버튼
      strip ▼ show color black ▼
  만약(if) ADKeypad ▼ ≥ ▼ 90 그리고(and) ▼ ADKeypad ▼ < ▼ 100 이면(then) 실행  C버튼
      strip ▼ show color red ▼
  만약(if) ADKeypad ▼ ≥ ▼ 130 그리고(and) ▼ ADKeypad ▼ < ▼ 140 이면(then) 실행 D버튼
      strip ▼ show color yellow ▼
  만약(if) ADKeypad ▼ ≥ ▼ 545 그리고(and) ▼ ADKeypad ▼ < ▼ 555 이면(then) 실행 E버튼
      strip ▼ show color white ▼
```

마이크로비트에 코드를 다운로드하여 동작을 확인합니다.

2 메이킹

거실에 은은한 빛을 내는 무드등이 하나 있으면 좋겠죠?

레비가 어두운 밤이 무섭지 않게요~

알록달록 무지갯빛 무드등을 만들어 볼까요~

준비물이 필요하겠죠?

작은 상자, 칼, 스카치테이프, 한지가 필요합니다.
우선 작은 상자에 원하는 무드등 모양을 그려 봅니다.
4면에 예쁜 모양을 그린 후에 칼로 예쁘게 오려 줍니다.
손 다치지 않게 조심조심~

레비는 한옥 무늬로 디자인을 했어요.
은은한 빛이 들어오면 예쁘겠죠?

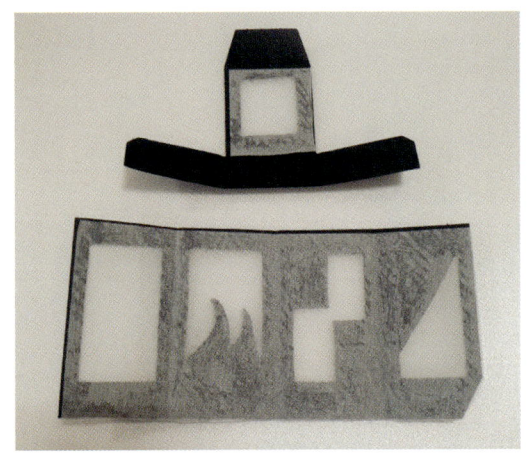

칼로 잘 오려 주었다면 안쪽 면에 한지를 붙여 줍니다.

원하는 색상의 한지를 붙여 주세요.

레비는 흰색으로 정했어요.

이제 부품들을 장착해 보죠~

거실 테이블 위에 올려 두니 너무 예쁘네요.

다른 색도 예쁘죠?

다음으로, 아두이노를 이용해서 무드등을 만들어 보겠습니다.

학습목표	레인보우 LED 링(네오픽셀 LED 링)과 ADKeypad로 제어하는 무드등을 만듭니다.
핵심 키워드	아두이노, 레인보우 LED 링(네오픽셀 링), ADKeypad
준비물	아두이노 우노 보드, 레인보우 LED 링, ADKeypad 모듈, USB-B 데이터 케이블, 미니 브레드 보드, FM점퍼선, MM점퍼선
학습 시간	회로 구성: 5분 소프트웨어 코딩: 20분 메이킹: 20분
학습 난이도	★★★☆☆

1. 기능 구현

1. 기능 정의
- ADKeypad 모듈의 버튼마다 다른 색을 표현하게 하는 무드등을 만듭니다.
  - A버튼을 누르면 무드등을 켠다(무지개색).
  - B버튼을 누르면 무드등을 끈다.
  - C버튼을 누르면 무드등을 빨간색으로 켠다.
  - D버튼을 누르면 무드등을 노란색으로 켠다.
  - E버튼을 누르면 무드등을 하얀색으로 켠다.

2. 회로 구성

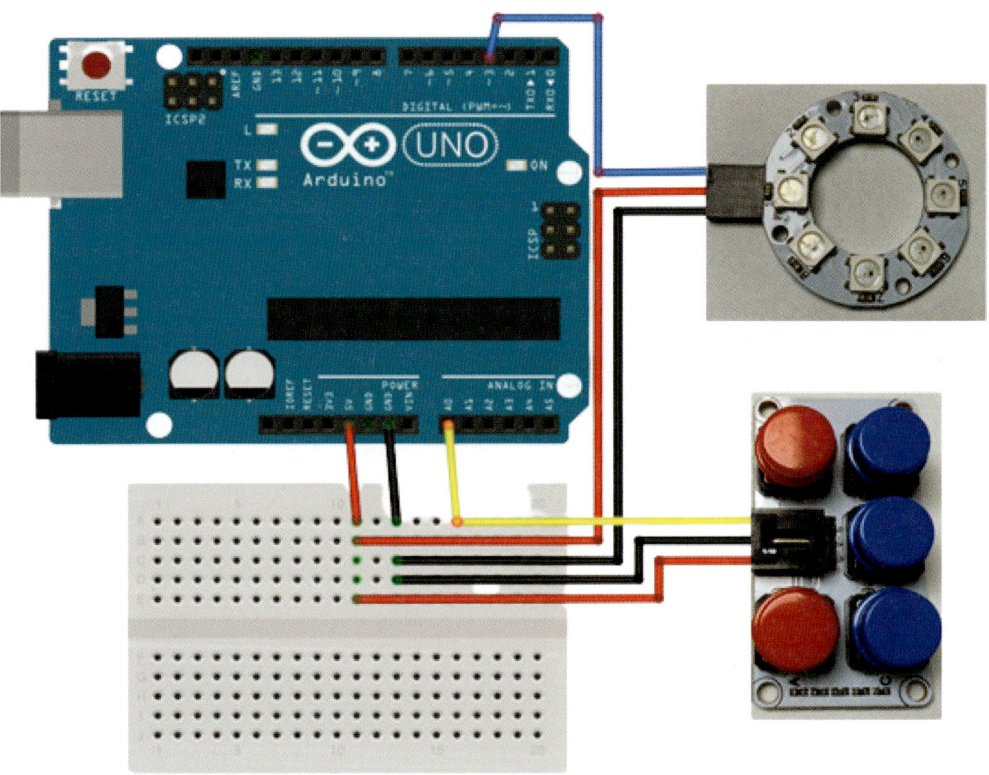

아두이노 우노 보드	ADKeypad 모듈
GND	G
5V	V
A0	S

아두이노 우노 보드	레인보우 LED 링
GND	G
5V	V
D11	DI

3. 스케치 작성

1. 아두이노 IDE를 시작합니다.
2. 프로젝트 이름은 "6_mood_light"으로 저장합니다.
3. 레인보우 LED 링(네오픽셀 LED 링)을 사용하기 위해 "neopixel" 라이브러리를 설치합니다.
   - [스케치] → [라이브러리 포함하기] → [라이브러리 관리] 클릭

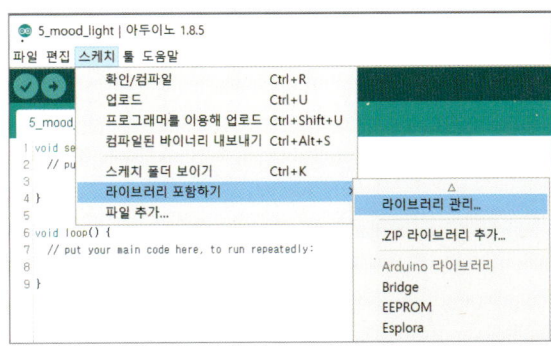

- [라이브러리 매니저]에서 "neopixel" 검색 후 설치

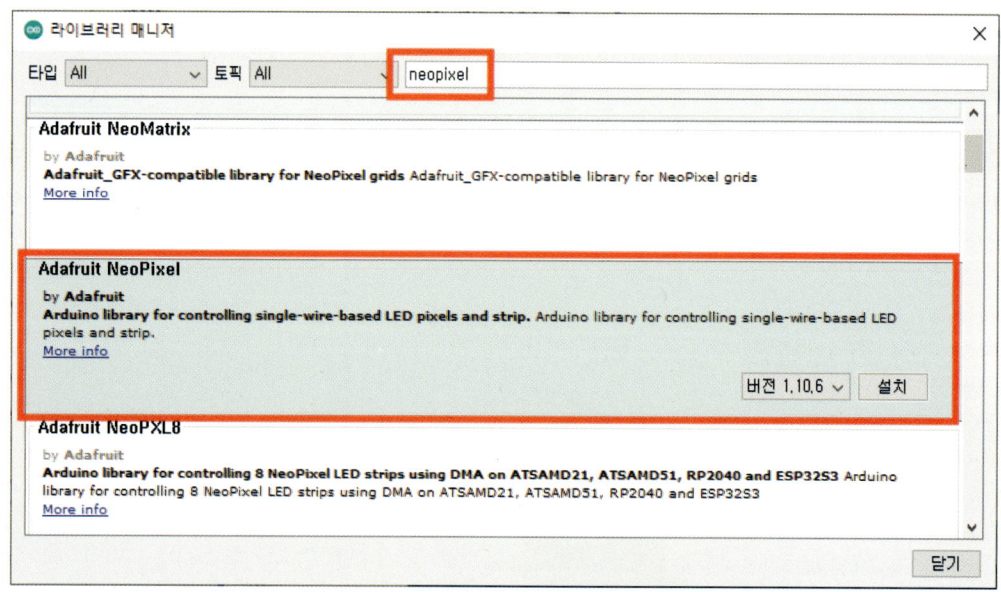

4. 소스 코드

가. 헤더파일 추가, 네오픽셀 객체 생성, 변수 선언하기

- 네오픽셀 헤더파일을 추가합니다.

- 네오픽셀 핀번호와 네오픽셀 LED 개수를 정의합니다.

- Adafruit_NeoPixel 네오픽셀이름 = Adafruit_NeoPixel(led_num,pin,flag)
  - 네오픽셀 객체를 생성합니다.
  - num: 네오픽셀 LED 개수
  - pin: 신호를 출력할 핀번호 지정
  - flag: 네오픽셀 종류에 따라 mode 선택

    대부분 RGB 표현을 위해 NEO_GRB+NEO_NEO_KHZ800를 사용

    여기서는 흰색 표현을 위해 NEO_RGBW+NEO_NEO_KHZ800를 사용

- 네오픽셀이름 = Color(R,G,B)
  - 픽셀의 색상을 설정합니다.

- ADKeypad 모듈을 사용하기 위한 변수 선언하고 핀번호를 설정합니다.

```
#include <Adafruit_NeoPixel.h>
#define NEO_PIN    11      //네오픽셀 핀번호 정의
#define NUM_LEDS   8       //네오픽셀 LED 갯수 정의

//네오픽셀을 사용하기 위해 객체 하나를 생성한다.
//첫번째 인자값은 네오픽셀의 LED의 개수
//두번째 인자값은 네오픽셀이 연결된 아두이노의 핀번호
//세번째 인자값은 네오픽셀의 타입에 따라 바뀌는 flag
//네오픽셀 라이브러리 lightNeo 이름으로 연결
Adafruit_NeoPixel lightNeo
        = Adafruit_NeoPixel(NUM_LEDS, NEO_PIN, NEO_GRB + NEO_KHZ800);

uint32_t red = lightNeo.Color(255,0,0);
uint32_t orange = lightNeo.Color(255,102,0);
uint32_t yellow = lightNeo.Color(255,255,0);
uint32_t green = lightNeo.Color(0,255,0);
uint32_t skyblue = lightNeo.Color(0,100,255);
uint32_t blue = lightNeo.Color(0,0,255);
uint32_t purple = lightNeo.Color(95,0,255);
uint32_t pink = lightNeo.Color(102,0,53);
uint32_t white = lightNeo.Color(255,255,255);

int ADKey_pin = A0;
```

나. setup( ) 함수

- 네오픽셀이름.begin( )
  - 네오픽셀 제어를 시작합니다.
- 네오픽셀이름.setBrightness(value)
  - 네오픽셀 밝기를 설정합니다.
  - value: 밝기크기(0~255)
- pinMode(pinNumber, mode)
  - 아두이노의 특정핀을 입력 또는 출력으로 동작하도록 설정합니다.
  - pinNumber: 모드를 설정하려는 핀번호
  - mode: INPUT, OUTPUT, INPUT_PULLUP
- Serial.begin(speed)
  - 시리얼통신을 9600보드레이트 속도로 시작합니다.
  - speed: 전송속도, 초당 비트수

```
void setup(){
  lightNeo.begin();                //네오픽셀 제어 시작
  lightNeo.setBrightness(100);     //네오픽셀 밝기 100으로 설정
  pinMode(ADKey_pin,INPUT);        //ADKey 모듈 핀모드 설정

  Serial.begin(9600);
}
```

다. loop( ) 함수

- **analogRead**(pin)
  - 지정한 아날로그 핀에서 값을 읽어 옵니다.
  - pin: 읽으려는 아날로그 핀번호(A0~A5)
  - 반환값: 0~1023
- **Serial.println**(data)
  - 시리얼통신으로 데이터를 출력합니다.
  - data: 출력할 데이터
- 네오픽셀이름.**setPixelColor**(led 위치, color)
  - 네오픽셀 색깔을 설정합니다.
  - led 위치: 네오픽셀 LED중 색 표현할 led 위치
  - color: 표현한 색깔
- 네오픽셀이름.**show**( )
  - 네오픽셀 색을 보여 줍니다.
    - → show( ) 함수 사용해야 네오픽셀에 색 표현됨
- 네오픽셀이름.**clear**( )
  - 네오픽셀 색을 지웁니다.
    - → 네오픽셀의 LED OFF

```
void loop(){
  int ADKey_value=analogRead(ADKey_pin);
  Serial.println(ADKey_value);
  //A버튼을 누르면 무지개색으로 네오픽셀 ON
  if(ADKey_value >= 0 && ADKey_value < 40) {
    lightNeo.setPixelColor(0,red);      //첫번째 led : 빨간색
    lightNeo.show();                    //색상 출력
    lightNeo.setPixelColor(1,orange);   //두번째 led : 주황색
    lightNeo.show();                    //색상 출력
    lightNeo.setPixelColor(2,yellow);   //세번째 led : 노랑색
    lightNeo.show();                    //색상 출력
    lightNeo.setPixelColor(3,green);    //네번째 led : 초록색
    lightNeo.show();                    //색상 출력
    lightNeo.setPixelColor(4,skyblue);  //다섯번째 led : 파랑색
    lightNeo.show();                    //색상 출력
    lightNeo.setPixelColor(5,blue);     //여섯번째 led : 남색
    lightNeo.show();                    //색상 출력
    lightNeo.setPixelColor(6,purple);   //일곱번째 led : 보라색
    lightNeo.show();                    //색상 출력
    lightNeo.setPixelColor(7,pink);     //여덟번째 led : 분홍색
    lightNeo.show();                    //색상 출력
  }
```

```
  //B버튼을 누르면 네오픽셀 OFF
  else if(ADKey_value >= 40 && ADKey_value < 90){
    lightNeo.clear();
    lightNeo.show();
  }
  //C버튼을 누르면 빨간색으로 네오픽셀 ON
  else if(ADKey_value >= 90 && ADKey_value < 130){
    for(int i=0 ; i<8 ; i++){
      lightNeo.setPixelColor(i,red);    //i번째 led : 빨간색
      lightNeo.show();
    }
  }
```

```
//D버튼을 누르면 노란색으로 네오픽셀 ON
else if(ADKey_value >= 130 && ADKey_value < 500){
  for(int i=0;i<8;i++){
    lightNeo.setPixelColor(i,yellow);   //i번째 led : 노란색
    lightNeo.show();
  }
}
//E버튼을 누르면  흰색으로 네오픽셀 ON
else if(ADKey_value >= 500 && ADKey_value < 1000){
  for(int i=0;i<8;i++){
    lightNeo.setPixelColor(i,white);   //i번째 led : 흰색
    lightNeo.show();
  }
}
}
```

→ ADKeypad의 A 버튼을 누르면(0 ≤ ADKey_value < 40) 네오픽셀을 무지개색으로 ON 시킵니다.

→ B 버튼을 누르면(40 ≤ ADKey_value 90) 네오픽셀을 OFF 시킵니다.

→ C 버튼을 누르면(90 ≤ ADKey_value < 130) 네오픽셀 빨간색으로 변경하고

→ D 버튼을 누르면(130 ≤ ADKey_value < 150) 네오픽셀 노란색으로 변경하고

→ E 버튼을 누르면(150 ≤ ADKey_value < 1000) 네오픽셀 흰색으로 변경합니다.

🕐 여기서 잠깐!

ADKeypad 모듈의 각각의 버튼을 눌러서 반환되는 값을 확인 후 ADKey_value의 범위를 설정해 주세요.

전체 코드

```cpp
#include <Adafruit_NeoPixel.h>
#define NEO_PIN    11      //네오픽셀 핀번호 정의
#define NUM_LEDS   8       //네오픽셀 LED 갯수 정의

//네오픽셀을 사용하기 위해 객체 하나를 생성한다.
//첫번째 인자값은 네오픽셀의 LED의 개수
//두번째 인자값은 네오픽셀이 연결된 아두이노의 핀번호
//세번째 인자값은 네오픽셀의 타입에 따라 바뀌는 flag
//네오픽셀 라이브러리 lightNeo 이름으로 연결
Adafruit_NeoPixel lightNeo
    = Adafruit_NeoPixel(NUM_LEDS, NEO_PIN, NEO_GRB + NEO_KHZ800);

uint32_t red = lightNeo.Color(255,0,0);
uint32_t orange = lightNeo.Color(255,102,0);
uint32_t yellow = lightNeo.Color(255,255,0);
uint32_t green = lightNeo.Color(0,255,0);
uint32_t skyblue = lightNeo.Color(0,100,255);
uint32_t blue = lightNeo.Color(0,0,255);
uint32_t purple = lightNeo.Color(95,0,255);
uint32_t pink = lightNeo.Color(102,0,53);
uint32_t white = lightNeo.Color(255,255,255);

int ADKey_pin = A0;

void setup(){
    lightNeo.begin();                    //네오픽셀 제어 시작
    lightNeo.setBrightness(100);         //네오픽셀 밝기 100으로 설정
    pinMode(ADKey_pin,INPUT);            //ADKey 모듈 핀모드 설정

    Serial.begin(9600);
}

void loop(){
    int ADKey_value=analogRead(ADKey_pin);
    Serial.println(ADKey_value);
    //A버튼을 누르면 무지개색으로 네오픽셀 ON
    if(ADKey_value >= 0 && ADKey_value < 40) {
        lightNeo.setPixelColor(0,red);       //첫번째 led : 빨간색
        lightNeo.show();                     //색상 출력
        lightNeo.setPixelColor(1,orange);    //두번째 led : 주황색
        lightNeo.show();                     //색상 출력
        lightNeo.setPixelColor(2,yellow);    //세번째 led : 노랑색
        lightNeo.show();                     //색상 출력
        lightNeo.setPixelColor(3,green);     //네번째 led : 초록색
        lightNeo.show();                     //색상 출력
        lightNeo.setPixelColor(4,skyblue);   //다섯번째 led : 파랑색
        lightNeo.show();                     //색상 출력
        lightNeo.setPixelColor(5,blue);      //여섯번째 led : 남색
        lightNeo.show();                     //색상 출력
        lightNeo.setPixelColor(6,purple);    //일곱번째 led : 보라색
        lightNeo.show();                     //색상 출력
        lightNeo.setPixelColor(7,pink);      //여덟번째 led : 분홍색
        lightNeo.show();                     //색상 출력
    }
    //B버튼을 누르면 네오픽셀 OFF
    else if(ADKey_value >= 40 && ADKey_value < 90){
        lightNeo.clear();
        lightNeo.show();
    }
}
```

```
//c버튼을 누르면 빨간색으로 네오픽셀 ON
else if(ADKey_value >= 90 && ADKey_value < 130){
  for(int i=0 ; i<8 ; i++){
    lightNeo.setPixelColor(i,red);   //1번째 led : 빨간색
    lightNeo.show();
  }
}
//D버튼을 누르면 노란색으로 네오픽셀 ON
else if(ADKey_value >= 130 && ADKey_value < 500){
  for(int i=0;i<8;i++){
    lightNeo.setPixelColor(i,yellow);  //1번째 led : 노란색
    lightNeo.show();
  }
}
//E버튼을 누르면 흰색으로 네오픽셀 ON
else if(ADKey_value >= 500 && ADKey_value < 1000){
  for(int i=0;i<8;i++){
    lightNeo.setPixelColor(i,white);   //1번째 led : 흰색
    lightNeo.show();
  }
}
```

5. 보드와 포트 설정하기

가. [툴] → [보드] → [Arduino Uno]을 선택합니다.

나. [툴] → [포트] → [COM9(Arduino Uno)]을 선택합니다.

6. 컴파일 및 업로드하기

가. [확인] 버튼을 눌러 컴파일을 수행합니다.

나. [업로드] 버튼을 눌러 업로드합니다.

3 메이킹

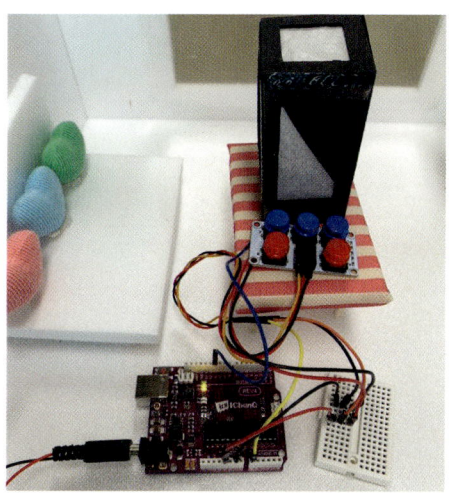

무드등 아두이노 장착 사진입니다.
이제 색깔별로 한번 볼까요?

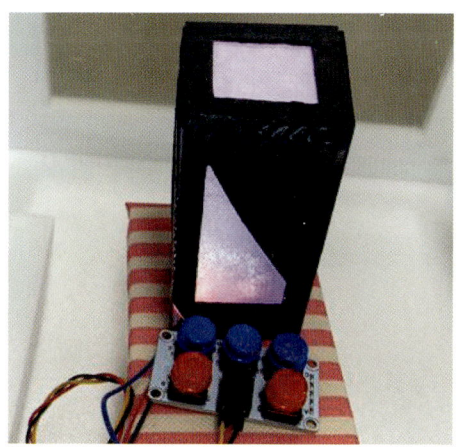

무지개색 중 보라색~

빨간색~~

노란색~~

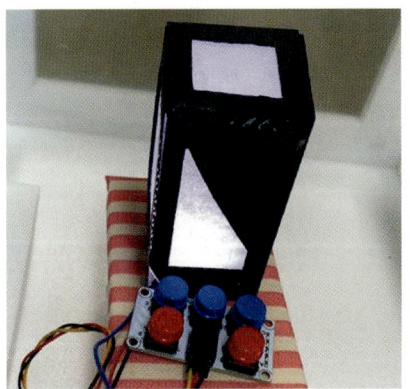

흰색~~

MEMO

도난 경보기

여러분에게 가장 소중한 물건은 무엇인가요? 그 물건을 어떻게 보관하나요?
오늘은 빛을 감지하는 조도센서와 레이저를 이용하여 도난을 막아 줄 도난 경보기를 만들어
볼까요?

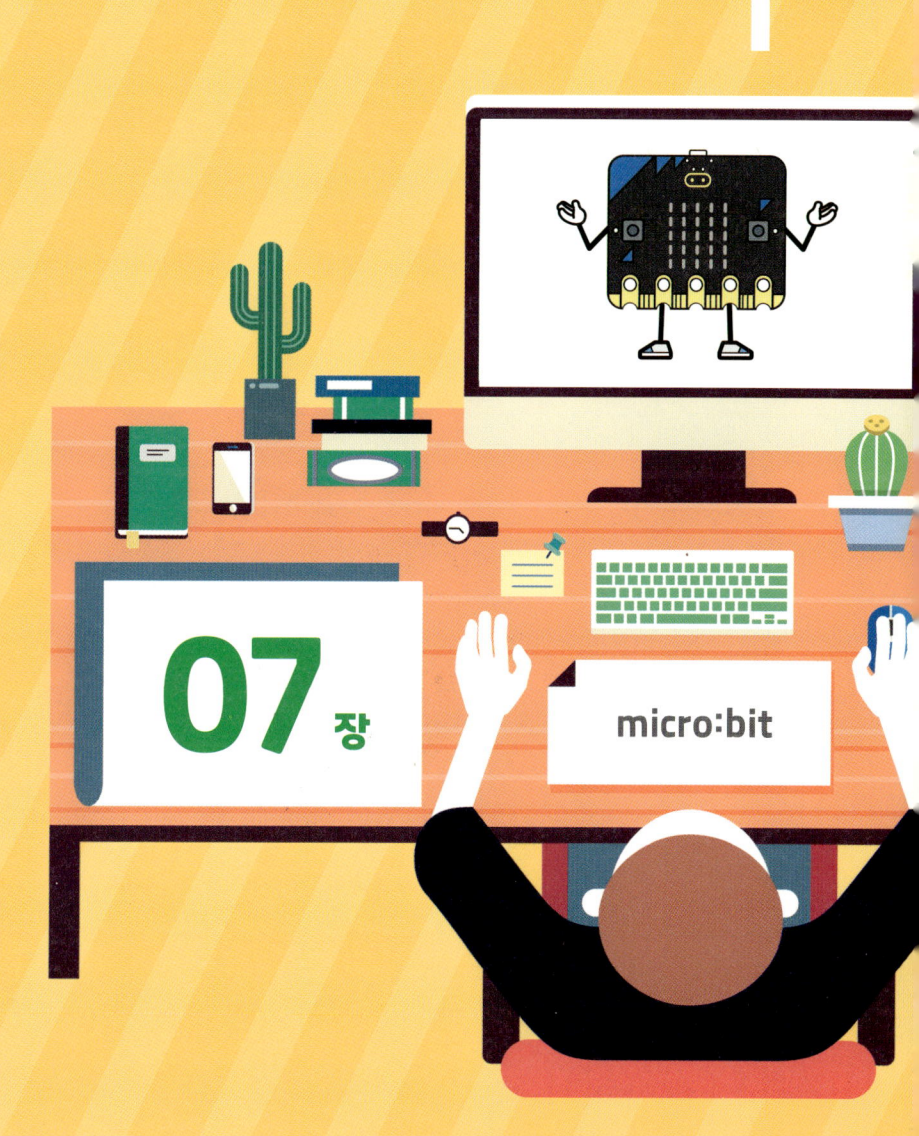

07장

micro:bit

07 도난 경보기

레이저 모듈 알아보기

1. 레이저 모듈이란?

레이저 모듈이란 유도 방출에 의해 증폭된 레이저를 생성하는 모듈로 장난감이나 빔 프로젝트 등 일상생활에서 많이 사용되고 있습니다. 레이저를 정면으로 보게 되면 눈에 손상을 입을 수 있습니다.

마이크로비트 따라 하기

학습목표	레이저와 조도센서를 이용하여 도난 경보기를 만들어 봅시다.
핵심 키워드	마이크로비트, 조도센서, 레이저, 도난 경보기
준비물	마이크로비트, 브레이크아웃보드, 조도센서 모듈, 레이저 모듈, 부저 모듈, FF점퍼 케이블, 3색 전용 케이블, USB 데이터 케이블, 배터리팩, AAA 배터리 2개
학습 시간	회로 구성: 5분 소프트웨어 코딩: 10분 메이킹: 20분
학습 난이도	★☆☆☆☆

1. 기능 구현

1. 기능 정의

레이저 빛이 차단되면 침입이 발생한 것으로 생각하고 경고음을 발생한다.

- 레이저1, 2가 조도센서1, 2를 향해 빛을 발사함
- 조도센서값이 설정한 기준값보다 크거나 같다면, 부저 출력 없음
- 레이저 두 개 중 하나 이상이 차단되면 부저 울림
- 조도센서값이 설정한 기준값보다 작다면, 부저 출력

2. 회로 구성

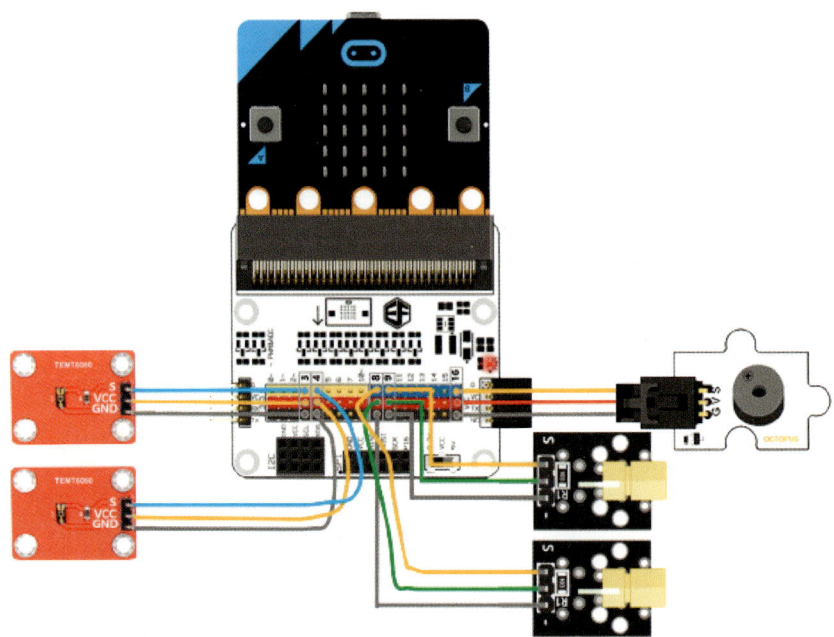

마이크로비트	조도센서 모듈 1
3V	VCC
GND	GND
3	S

마이크로비트	조도센서 모듈 2
3V	VCC
GND	GND
4	S

마이크로비트	레이저 모듈 1
3V	VCC
GND	-
8	S

마이크로비트	레이저 모듈 2
3V	VCC
GND	-
9	S

마이크로비트	부저 모듈
3V	VCC
GND	G
16	S

3. 기능 구현

1. MakeCode 편집기를 실행합니다. [URL] https://makecode.microbit.org/
2. 프로젝트 이름을 "7_도난감지기"로 저장하고 새 프로젝트를 생성합니다.

이번 프로젝트도 부저 모듈을 사용하여 경고음을 출력하기 위해 16번 핀을 소리 출력으로 사용하도록 지정합니다. 마이크로비트 V2는 내장 스피커를 꺼 줍니다.
이번 프로젝트에서의 센서 입력값을 배열에 저장하여 활용할 예정입니다.
조도센서의 값을 저장할 배열 **light_1**, **light_2**를 빈 배열로 만들어 줍니다.
그리고 조도센서의 값을 10번 측정하여 배열 **light_1**, **light_2**에 저장합니다.
배열에 값을 저장하기 위해 변수 **light_index**를 만듭니다.

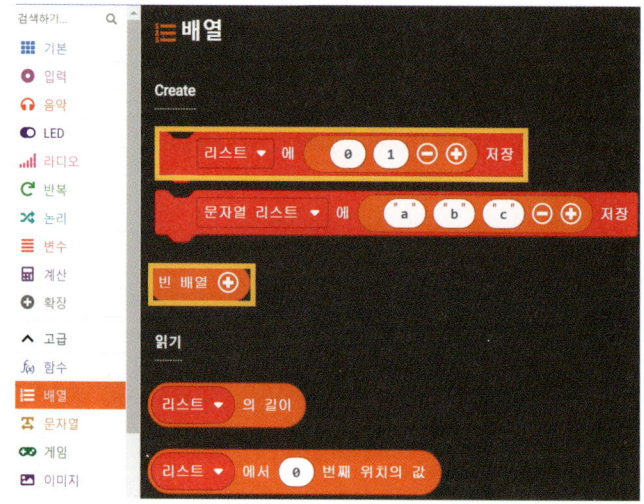

배열 **light_1**, **light_2**는 다음과 같이 만듭니다.

리스트 이름을 수정한 후 리스트의 항목 부분을 **빈 배열**로 변경합니다.
이렇게 하면 빈 배열을 만들 수 있습니다.
배열은 숫자를 저장하기 위한 배열과, 문자열 배열이 별도로 있으니 구분하여 사용하면 됩니다.
마이크로비트에서 배열은 0번이 시작 위치입니다.

본격적으로 **무한반복 실행** 블록을 만들어 봅니다.
pin3과 pin4에 연결된 조도센서의 값을 각각 배열 **light_1**과 **light_2**의 **light_index** 위치에 저장합니다.

배열의 인덱스로 사용할 변수 **light_index**는 0부터 시작되어 9까지 값이 1씩 커집니다. 그리고 9보다 커지면 다시 0부터 시작합니다.
즉 배열 변수 **light_1**, **light_2**는 10개의 값을 갖는 배열이 되었습니다.
더 많은 값을 저장하여 평균값으로 사용하면 이상 값에 대해서 더 안정적으로 반응할 것이나 우리는 10개의 값을 사용합니다.

배열에 저장된 센서값의 평균을 구하는 코드를 추가합니다.

우선 배열의 전체 합을 구한 후 10으로 나누어 평균을 구합니다.

변수 light1_합, light1_평균, light2_합, light2_평균을 생성합니다.

매번 센서에서 값을 받아 오면 배열에 저장하여 평균값을 계산합니다.

센서를 이용하여 값을 측정하다 보면 가끔 이상동작(갑자기 0이 되거나, 이상하게 큰 값이 되거나)을 하는 경우가 있는데, 배열에 저장된 값의 평균을 이용하는 경우 이런 이상 동작에 매번 반응하는 것을 방지하는 효과가 있습니다.

평균까지 계산했으면 다시 변수 **light_index**를 증가시켜 배열의 다음 위치의 값을 변경합니다. 우리는 배열에 10개의 값을 저장할 것이므로 인덱스는 0~9까지만 사용됩니다. 변수 **light_index**가 1씩 증가하다가 9보다 커지면 다시 0으로 돌아옵니다.

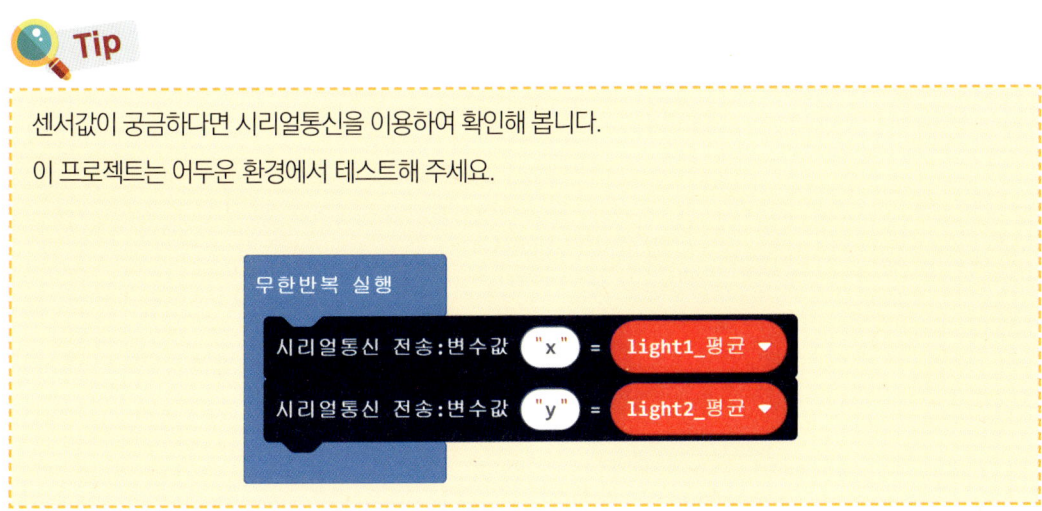

이번 프로젝트에서 제일 중요한 부분의 코딩이 완료되었습니다.

Tip

센서값이 궁금하다면 시리얼통신을 이용하여 확인해 봅니다.

이 프로젝트는 어두운 환경에서 테스트해 주세요.

조도센서의 평균값을 구했으니 이 값을 이용하여 현재 도난 감지기가 정상 동작 상태인지 이상 동작 상태인지 판단하는 코드를 구현합니다.

조도센서는 레이저 모듈에서 빛을 받는 상태 즉, 정상 상태면 800에서 1024 사이의 값을 갖게 됩니다. 중간에 순간 이상 현상이 발생하여 값이 0으로 떨어진다고 하여도 800~900 사이의 값이 유지될 것입니다. 누군가 고의적으로 침입하여 레이저 빛이 차단되면 평균값은 500 이하로 떨어지게 될 것입니다.

우리는 이상 동작의 기준을 500으로 설정하겠습니다.

기준값은 주변 밝기도 고려하여 설정합니다.

두 개의 조도센서 중 하나라도 500 미만이 되면 문제가 발생한 것이므로 경고음을 발생합니다.

마지막으로 레이저 모듈에서 빛이 나오도록 코드를 추가합니다.

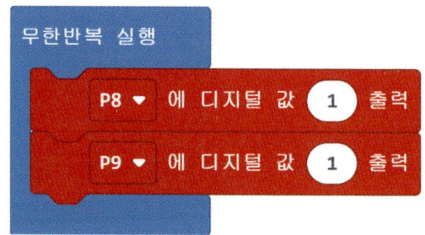

코드가 모두 완료되었습니다.

마이크로비트에 코드를 다운로드하여 동작을 확인합니다.

2 메이킹

레비의 귀중품을 보관하기 위해서 도난경보기를 만들어 볼 거예요.
금고 안에 도난경보기를 장착하고 귀중품을 잘 보관하려고 합니다.
현금, 시계, 금 등등 귀중품을 잘 보관할 수 있는 금고를 만들어 봅시다.

보드지로 작은 금고 모양의 상자를 만들었어요. 레이저 모듈과 조도센서 모듈을 장착해야 합니다.
레이저 빛이 조도센서 모듈의 센서 부분에 정확히 맞도록 부품을 장착합니다.

레이저 모듈과 조도센서 모듈의 위치가 정해졌다면 윗면을 닫아 주고 케이블을 연결합니다.

마이크로비트를 장착하고 동작을 시켜 볼까요?

레비가 제일 아끼는 초콜릿이 금고에 들어 있네요.
이제 아무도 못 가져가겠는데요~
레비가 이제는 안심하고 금고에 귀중품을 보관할 수 있겠어요.

이제 아두이노로 금고를 만들어 볼 거예요.

 **아두이노 따라 하기**

학습목표	레이저와 조도센서를 이용하여 도난 경보기를 만들어 봅시다.
핵심 키워드	아두이노, 조도센서, 레이저, 도난 경보기
준비물	아두이노 우노 보드, 조도센서 모듈, 레이저 모듈, 부저 모듈, USB-B 데이터 케이블, 미니 브레드 보드, FM점퍼선, MM점퍼선
학습 시간	회로 구성: 5분 소프트웨어 코딩: 10분 메이킹: 20분
학습 난이도	★★☆☆☆

1. 기능 구현

1. 기능 정의

- 레이저1은 조도센서1를 향해, 레이저2는 조도센서2를 향해 빛을 발사합니다(조도센서값 > 기준).

  이때 조도센서 측정값이 기준보다 작으면

  - 조도센서 한 개의 값이 변경되면 경고음 울리기
  - 조도센서 두 개의 값이 변경되면 경고음 울리기

- 조도센서 측정값이 기준보다 크면

  - 경고음 끄기

2. 회로 구성

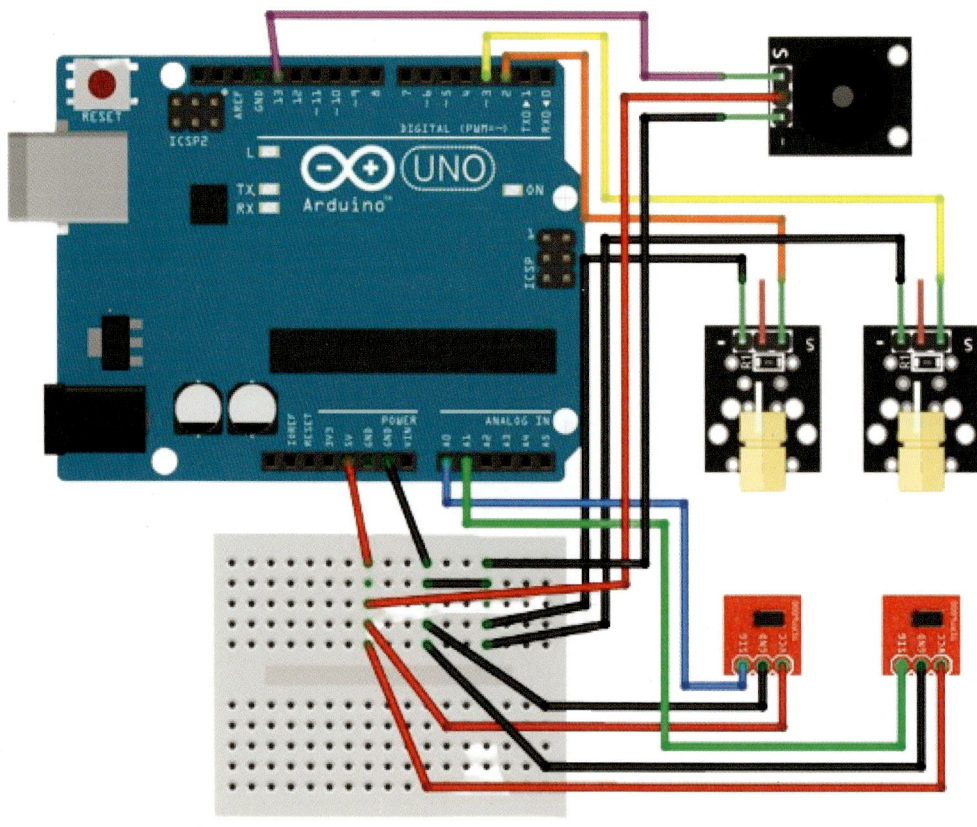

아두이노 우노 보드	조도센서 모듈 1
A0	S
5V	VCC
GND	GND

아두이노 우노 보드	조도센서 모듈 2
A1	S
5V	VCC
GND	GND

아두이노 우노 보드	레이저 모듈 1
D2	S
GND	-

아두이노 우노 보드	레이저 모듈 2
D3	S
GND	-

아두이노 우노 보드	부저 모듈
D13	S
5V	V
GND	G

3. 스케치 작성

1. 아두이노 IDE 를 시작합니다.
2. 프로젝트 이름은 "7_theft_detector"으로 저장합니다.
3. 소스 코드

가. 변수 선언하기

- 레이저 사용을 위한 변수를 선언하고 핀번호를 설정합니다.
- 피에조 부저 사용을 위한 변수를 선언하고 핀번호를 설정합니다.

- 조도센서 사용을 위한 변수를 선언하고 핀번호를 설정합니다.
- 조도센서값을 저장하기 위한 변수를 선언합니다.

```c
int Laser01_pin = 2;        //1번 레이저 2번핀 사용
int Laser02_pin = 3;        //2번 레이저 2번핀 사용
int Buzzer_pin= 13;         //부저 13번핀 사용
int Cds01_pin = A0;         //1번 조도센서 A0핀 사용
int Cds02_pin = A1;         //2번 조도센서 A1핀 사용

int cds01_val[10]={0,};     //1번 조도센서 값을 10번 읽어올 배열변수
int cds02_val[10]={0,};     //2번 조도센서 값을 10번 읽어올 배열변수
int sum_cds01 = 0;          //1번 조도센서 값의 합
int sum_cds02 = 0;          //2번 조도센서 값의 합
int average_cds01 = 0;      //1번 조도센서 값의 평균
int average_cds02 = 0;      //2번 조도센서 값의 평균
```

나. setup( ) 함수

- **pinMode(pinNumber, mode)**
  - 아두이노의 특정핀을 입력 또는 출력으로 동작하도록 설정하기
  - pinNumber: 모드를 설정하려는 핀번호
  - mode: INPUT, OUTPUT, INPUT_PULLUP
- **Serial.begin(speed)**
  - 시리얼통신을 9600보드레이트 속도로 시작하기
  - speed: 전송속도, 초당 비트수

```c
void setup() {
  pinMode(Laser01_pin, OUTPUT);  //1번 레이저 핀모드 설정
  pinMode(Laser02_pin, OUTPUT);  //2번 레이저 핀모드 설정
  pinMode(Buzzer_pin, OUTPUT);   //부저 핀모드 설정
  pinMode(Cds01_pin, INPUT);     //1번 조도센서 핀모드 설정
  pinMode(Cds02_pin, INPUT);     //2번 조도센서 핀모드 설정
  Serial.begin(9600);
}
```

다. loop( ) 함수

- digitalWrite(pin, value)
  - 지정한 디지털 핀에 값을 출력하기
  - pin: 핀번호
  - value: 출력할 값, HIGH 또는 LOW
- analogRead(pin)
  - 지정한 아날로그 핀에서 값을 읽어 오기
  - pin: 읽으려는 아날로그 핀번호(A0~A5)
  - 반환값: 0~1023
- Serial.println(data)
  - 시리얼통신으로 데이터를 출력하기
  - data: 출력할 데이터
- tone(pin, frequency), tone(pin, frequency, duration)
  - 핀에 특정 주파수를 출력하기
  - pin: 출력할 핀
  - frequency: 주파수(Hz 단위)
  - duration: 지속 시간(밀리초 단위)
- noTone(pin)
  - 주파수 출력 멈추기
  - pin: 출력할 핀
- delay(ms)
  - 시간 간격 지정하기
  - ms: 밀리초, 1000ms = 1초

```cpp
void loop() {
  digitalWrite(Laser01_pin, HIGH);    //1번 레이저 작동시키기
  digitalWrite(Laser02_pin, HIGH);    //2번 레이저 작동시키기

  sum_cds01 = sum_cds02 = 0;
  for(int i=0;i<10; i++){             //10번 조도센서값 읽어오기
    cds01_val[i]=analogRead(Cds01_pin);//1번조도센서값 i번째 읽어오기
    cds02_val[i]=analogRead(Cds02_pin);//2번조도센서값 i번째 읽어오기
    sum_cds01 = sum_cds01 + cds01_val[i];//1번조도센서의 i번째값을
                                         //sum_cds01에 더하기
    sum_cds02 = sum_cds02 + cds02_val[i];//2번 조도센서의 i번째 값을
                                         //sum_cds02에 더하기
    Serial.println(String("cds01[")+i+String("]:")+cds01_val[i]
             +String("\tcds02[")+i+String("]:")+cds02_val[i]);
  }
  average_cds01 = sum_cds01/10;//1번조도센서의 평균값 구하기
  average_cds02 = sum_cds02/10;//2번조도센서의 평균값 구하기

  Serial.print(String("sum_cds01 : ")+sum_cds01
          +String("\taverage_cds01 : ")+average_cds01);
  Serial.println(String("\tsum_cds02:")+sum_cds02
          +String("\taverage_cds02 : ")+average_cds02);

  //2개의 조도센서값 중 하나라도 값이 작아지면 도난 경보음 울리기
  if(average_cds01 < 500 || average_cds02 < 500){
    tone(Buzzer_pin, 261);
  } else   //2개의 조도센서값이 모두 기준보다 크면 도난 경보음 끄기
    noTone(Buzzer_pin);

  delay(500);
}
```

→ digitalWrite( ) 함수에 의해 작동된 레이저가 조도센서를 맞추면 조도센서의 값은 1000 이상을 나타냅니다.

→ 두 개의 레이저 중 하나의 레이저를 막게 되면 조도센서의 값이 작아지게 되고

→ 이때 도난을 감지하고 경보음을 울리게 됩니다.

→ 조도센서값은 총 10번 측정하여 배열에 저장한 후 평균값을 계산하여 사용하였습니다. 이상동작(갑자기 0이 되거나, 이상하게 큰 값이 되거나)을 하는 것을 방지하는 효과를 줍니다.

전체코드

```
int Laser01_pin = 2;        //1번 레이저 2번핀 사용
int Laser02_pin = 3;        //2번 레이저 2번핀 사용
int Buzzer_pin= 13;         //부저 13번핀 사용
int Cds01_pin = A0;         //1번 조도센서 A0핀 사용
int Cds02_pin = A1;         //2번 조도센서 A1핀 사용

int cds01_val[10]={0,};     //1번 조도센서 값을 10번 읽어올 배열변수
int cds02_val[10]={0,};     //2번 조도센서 값을 10번 읽어올 배열변수
int sum_cds01 = 0;          //1번 조도센서 값의 합
int sum_cds02 = 0;          //2번 조도센서 값의 합
int average_cds01 = 0;      //1번 조도센서 값의 평균
int average_cds02 = 0;      //2번 조도센서 값의 평균

void setup() {
  pinMode(Laser01_pin, OUTPUT); //1번 레이저 핀모드 설정
  pinMode(Laser02_pin, OUTPUT); //2번 레이저 핀모드 설정
  pinMode(Buzzer_pin, OUTPUT);  //부저 핀모드 설정
  pinMode(Cds01_pin, INPUT);    //1번 조도센서 핀모드 설정
  pinMode(Cds02_pin, INPUT);    //2번 조도센서 핀모드 설정
  Serial.begin(9600);
}

void loop() {
  digitalWrite(Laser01_pin, HIGH);  //1번 레이저 작동시키기
  digitalWrite(Laser02_pin, HIGH);  //2번 레이저 작동시키기

  sum_cds01 = sum_cds02 = 0;
  for(int i=0;i<10; i++){                         //10번 조도센서값 읽어오기
    cds01_val[i]=analogRead(Cds01_pin);//1번조도센서값 i번째 읽어오기
    cds02_val[i]=analogRead(Cds02_pin);//2번조도센서값 i번째 읽어오기
    sum_cds01 = sum_cds01 + cds01_val[i];//1번조도센서의 i번째값을
                                         //sum_cds01에 더하기
    sum_cds02 = sum_cds02 + cds02_val[i];//2번 조도센서의 i번째 값을
                                         //sum_cds02에 더하기
    Serial.println(String("cds01[")+i+String("]:")+cds01_val[i]
              +String("\tcds02[")+i+String("]:")+cds02_val[i]);
  }
  average_cds01 = sum_cds01/10;//1번조도센서의 평균값 구하기
  average_cds02 = sum_cds02/10;//2번조도센서의 평균값 구하기
```

```
Serial.print(String("sum_cds01 : ")+sum_cds01
        +String("\taverage_cds01 : ")+average_cds01);
Serial.println(String("\tsum_cds02:")+sum_cds02
        +String("\taverage_cds02 : ")+average_cds02);

//2개의 조도센서값 중 하나라도 값이 작아지면 도난 경보음 울리기
if(average_cds01 < 500 || average_cds02 < 500){
  tone(Buzzer_pin, 261);
} else   //2개의 조도센서값이 모두 기준보다 크면 도난 경보음 끄기
  noTone(Buzzer_pin);

  delay(500);
}
```

4. 보드와 포트 설정하기

가. [툴] → [보드] → [Arduino Uno]을 선택합니다.

나. [툴] → [포트] → [COM9(Arduino Uno)]을 선택합니다.

5. 컴파일 및 업로드하기

가. [확인] 버튼을 눌러 컴파일을 수행합니다.

나. [업로드] 버튼을 눌러 업로드합니다.

3 메이킹

레비가 제일 아끼는 초콜릿이 금고에서 도난당했네요.
삐~이~익~ 경보음이 울리네요~
들리시나요~^^

가스 안전 지킴이

라면이 너무 먹고 싶은 레비와 반돌이는 가스레인지를 이용해서 라면을 끓여 먹었어요. 어! 그런데 큰일 날 뻔했네요. 가스불이 잘 꺼진 줄 알았는데 그만 가스가 새고 있었습니다. 다행이 아무 일 없었지만 이런 때 가스 감지기가 있다면 더 빨리 알 수 있었겠죠? 오늘 같이 만들어 볼까요?

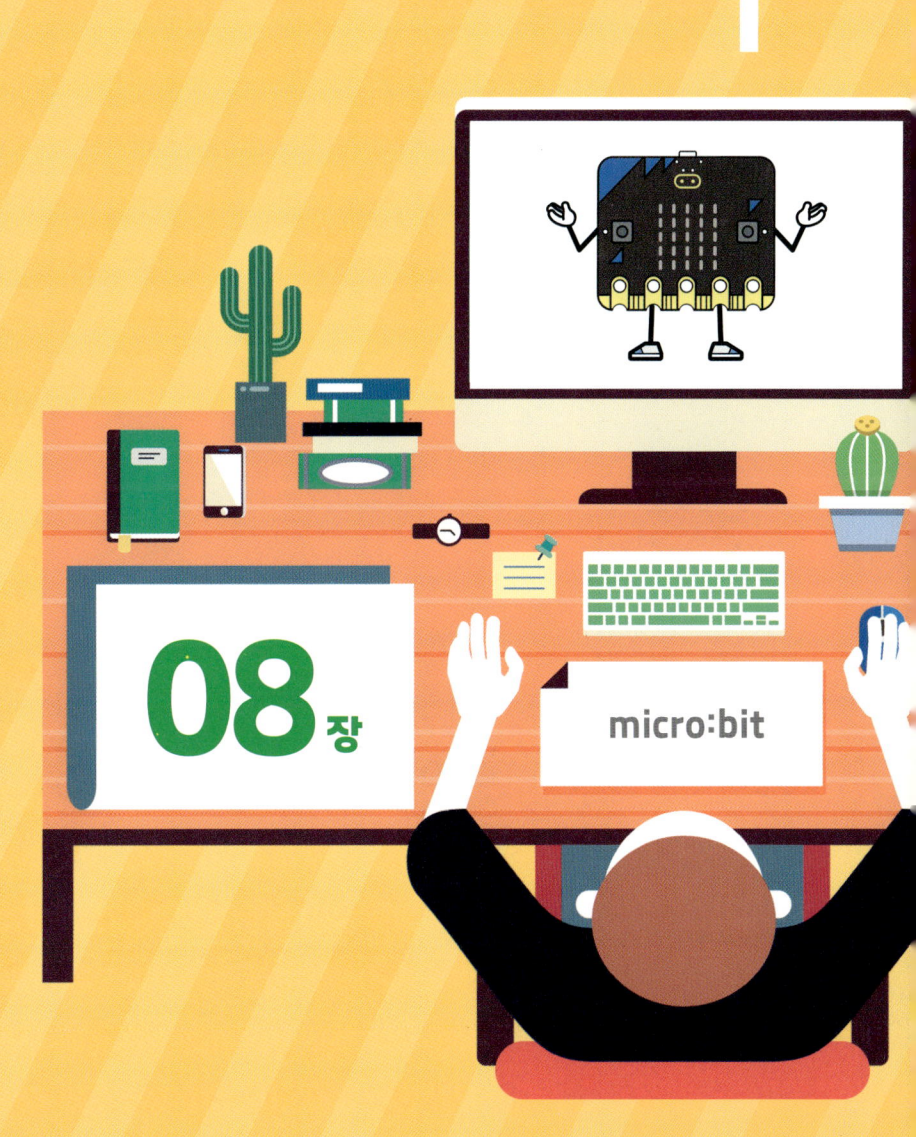

08 가스 안전 지킴이

1 가스센서와 DC모터 알아보기

1. 가스센서란?

가스센서는 가스의 종류에 따라 측정하는 센서가 다양하며 온도와 습도, 바람, 기압 등의 영향을 많이 받습니다. 가스센서는 전원이 인가되면 히터가 가열되어 내부의 금속막에 공기 중의 성분이 달라붙게 되고 저항값이 낮아지게 됩니다. 즉, 저항값이 낮아질수록 반환값이 커지게 되고 이는 공기 중 가스성분이 많이 있다는 것을 말합니다.

이 작품에서는 메탄, 부탄, LPG 등과 같은 가연성 가스들을 측정하는 센서인 MQ2 가스센서를 사용해 보도록 하겠습니다.

2. DC모터란?

모터는 전기 에너지로부터 회전력을 얻는 동력 기계로 우리 주위에 흔하게 사용되고 있는 꼭 필요한 전자부품입니다. 선풍기의 날개를 움직이게 하는 부품을 예로 들 수 있습니다. 모터는 입력되는 전기 종류에 따라 AC모터(교류 모터: 가정용 콘센트), DC모터(직류 모터: 배터리)로 분류하는데 이 작품에서는 DC모터를 사용하도록 하겠습니다.

마이크로비트 따라 하기

학습목표	가스센서와 DC모터를 이용하여 가스 안전 지킴이를 만듭니다.
핵심 키워드	마이크로비트, 가스센서, DC모터, 가스감지기
준비물	마이크로비트, 브레이크아웃보드, 가스센서 모듈, DC모터 모듈, 부저 모듈, FF점퍼 케이블, 3색 전용 케이블, USB 데이터 케이블, 배터리팩, AAA 배터리 2개
학습 시간	회로 구성: 5분 소프트웨어 코딩: 10분 메이킹: 20분
학습 난이도	★☆☆☆☆

1. 기능 구현

1. 기능 정의

가스가 감지되면 경고음을 울리고, 환풍기(팬)을 동작시킨다. 즉,

가스가 감지되어 가스센서값이 670 이상이면

   - 부저가 동작하여 경고음(시)를 출력하고, DC모터의 팬이 동작함

가스센서값이 670 미만이면

   - 부저 및 DC모터의 팬이 동작하지 않음

2. 회로 구성

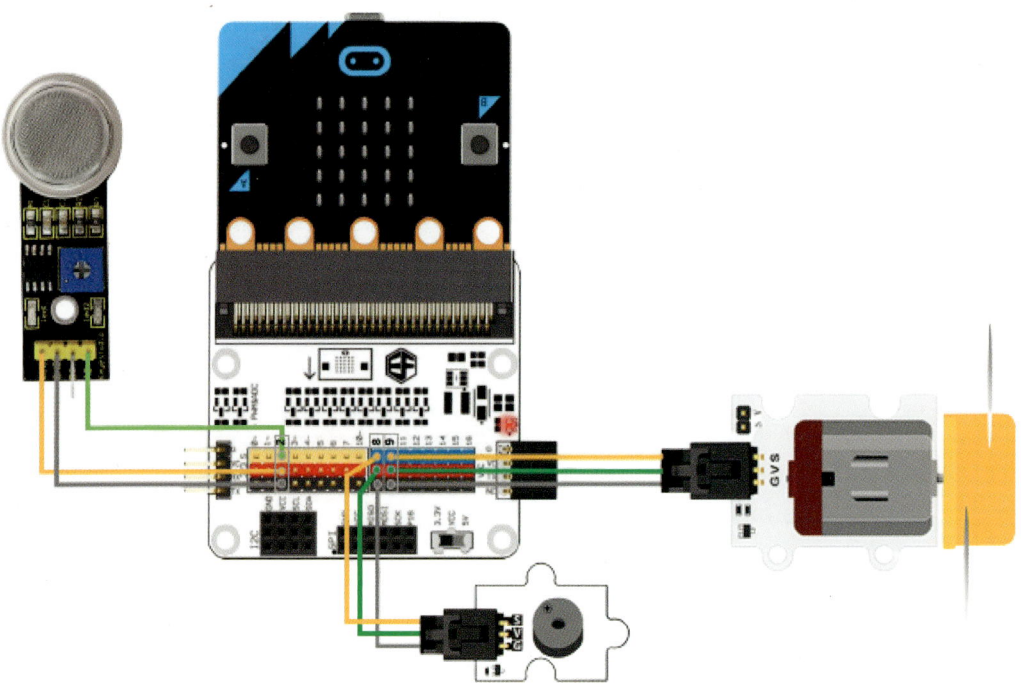

마이크로비트	가스센서 모듈
3V	VCC
GND	GND
-	DO
2	AO

마이크로비트	DC모터 모듈
VCC	V
GND	G
9	S

마이크로비트	부저 모듈
VCC	V
GND	G
8	S

3. 기능 구현

1. MakeCode 편집기를 실행합니다. [URL] https://makecode.microbit.org/
2. 프로젝트 이름을 "8_가스안전지킴이"로 저장하고 새 프로젝트를 생성합니다.

본격적으로 코드를 작성하기에 앞서 가스센서가 잘 동작하는지 확인합니다. 그리고 이상 동작으로 판단하기 위한 기준값을 정하기 위해서 센서의 값을 확인합니다.

변수 **gas**를 만들고 가스센서가 연결되어 있는 P2의 아날로그 값을 변수 **gas**에 저장합니다. 시리얼통신을 이용하거나 수출력을 이용하여 센서값을 확인합니다.

평상시의 센서값이 확인되었다면 이제 가스 안전 지킴이를 구현해 봅니다.

DC모터의 값을 0으로 지정하여 멈춘 상태에서 시작합니다.
또한 부저 모듈을 이용해 경고음을 송출하기 위해 8번 핀을 소리 출력으로 설정합니다.
내장 스피커는 **끄기**로 설정합니다.

가스감지센서의 값이 기준값(670) 이상이면 경고음을 내면서 DC모터가 회전하고 그렇지 않으면 아무 동작도 하지 않습니다.

 **Tip**

가스센서에서 측정되는 값은 센서의 종류, 사용하는 확장보드 또는 환경에 따라 다를 수 있습니다. 기준값은 항상 직접 확인한 후 설정합니다.

가스센서는 가열되어 안정화될 때까지 시간이 걸립니다. 처음에 큰 값이 나오나 시간이 지나면서 값이 작아지면서 안정화되니 조금 기다린 후 측정해 주세요.

마이크로비트에 코드를 다운로드하여 동작을 확인합니다.

가스 안전 지킴이 **161**

2 메이킹

레비와 반돌이가 라면을 끓여 먹는다고 가스를 사용했대요.
그래서 가스 누출을 감지하는 가스 감지기를 만들어야겠어요.
레비와 반돌이가 안심하고 가스레인지를 사용할 수 있게 도와주자고요.

가스레인지 위에 레비와 반돌이가 끓이던 라면 냄비가 보이는군요.
가스레인지 옆에 가스감지 센서를 장착하고 부저와 DC모터를 주방 벽면에 장착합니다.
가스가 누출되면 부저가 울리고 DC모터 팬이 돌아가게 되어 있어요.
장착을 한 후에 마이크로비트에 케이블을 연결합니다.

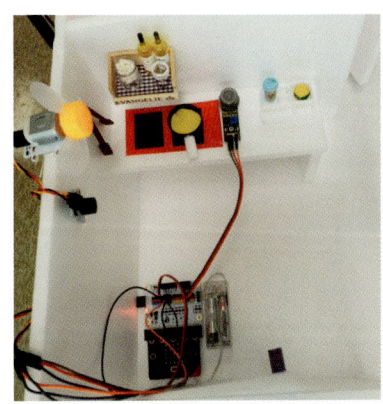

위에서 본 주방 모습입니다.

이제 걱정 없이 주방을 사용할 수 있어 레비~.

이제 아두이노로 가스 안전 지킴이를 만들어 볼 거예요.

학습목표	가스센서와 DC모터를 이용하여 가스 감지기를 만듭니다.
핵심 키워드	아두이노, 가스센서, DC모터, 부저
준비물	아두이노 우노 보드, 가스센서 모듈, DC모터 모듈, 부저 모듈, USB-B 데이터 케이블, 미니 브레드 보드, FM점퍼선, MM점퍼선
학습 시간	회로 구성: 5분 소프트웨어 코딩: 20분 메이킹: 20분
학습 난이도	★★☆☆☆

1. 기능 구현

1. 기능 정의

가스가 누출되면 경고음과 환풍기가 작동한다.

- 가스센서값이 100 이상이면 (가스 누출 시)
    - 부저가 경고음(시)을 출력합니다.
    - DC모터의 팬이 동작합니다.
- 가스센서값이 100 이하이면
    - 부저의 경고음 출력을 정지합니다.
    - DC모터의 팬이 동작을 멈춥니다.

2. 회로 구성

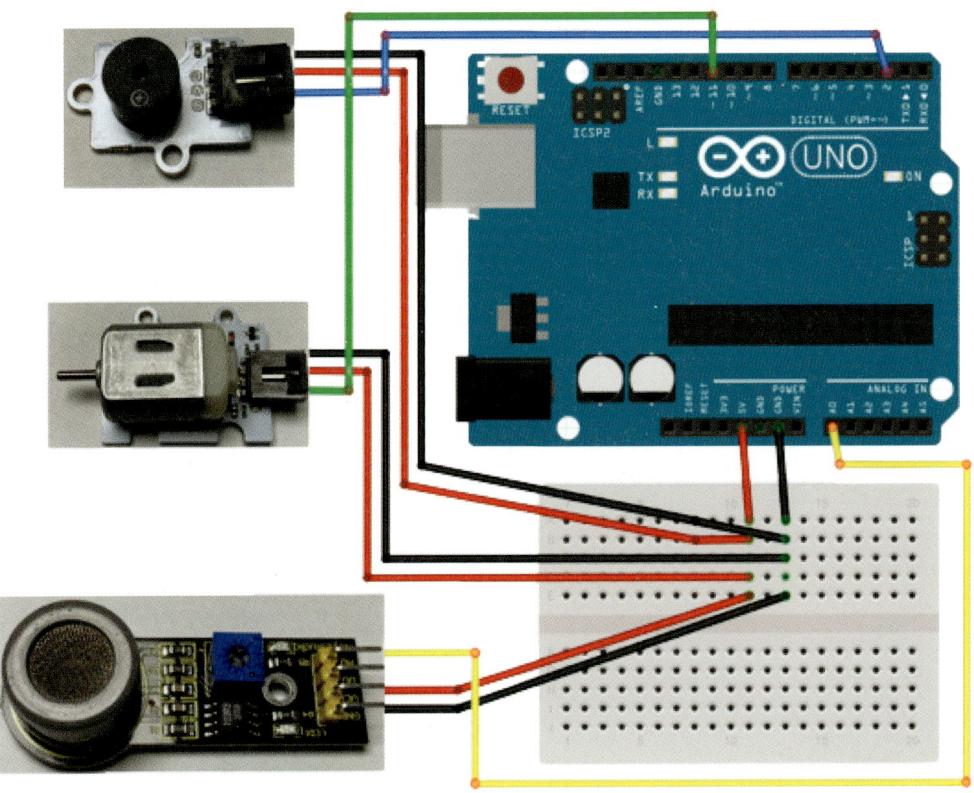

아두이노 우노 보드	가스센서 모듈
GND	GND
5V	VCC
	DO
A0	AO

아두이노 우노 보드	부저 모듈
D2	S
5V	V
GND	G

아두이노 우노 보드	DC모터 모듈
D11	S
5V	V
GND	G

3. 스케치 작성

1. 아두이노 IDE를 시작합니다.
2. 프로젝트 이름은 "8_gas_safety_guard"으로 저장합니다.
3. 소스 코드

가. 변수 선언하기

- 가스센서 사용을 위한 변수를 선언하고 핀번호를 설정합니다.
- 부저 사용을 위한 변수를 선언하고 핀번호를 설정합니다.
- 모터 사용을 위한 변수를 선언하고 핀번호를 설정합니다.

```
int gas_pin = A0;          //MQ7센서 핀번호 선언
int buzzer_pin = 2;        //부저 핀번호 선언
int motor_pin = 11;        //dc모터 핀번호 선언
```

나. setup( ) 함수

- **pinMode**(pinNumber, mode)
  - 아두이노의 특정핀을 입력 또는 출력으로 동작하도록 설정합니다.
  - pinNumber: 모드를 설정하려는 핀번호
  - mode: INPUT, OUTPUT, INPUT_PULLUP

```
void setup() {
  pinMode(gas_pin, INPUT);        //가스센서 핀모드 설정
  pinMode(buzzer_pin, OUTPUT);    //부저 핀모드 설정
  pinMode(motor_pin, OUTPUT);     //모터 핀모드 설정

  Serial.begin(9600);
}
```

다. loop( ) 함수

- **analogRead**(pin)
  - 지정한 아날로그 핀에서 값을 읽어 옵니다.
  - pin: 읽으려는 아날로그 핀번호(A0~A5)
  - 반환값: 0~1023
- **analogWrite**(pin,value)
  - 지정한 아날로그 핀에 값을 씁니다.
  - pin: 출력할 핀
  - value: 0~255, 자료형: int
- **tone**(pin, frequency), **tone**(pin, frequency, duration)
  - 핀에 특정 주파수를 출력합니다.
  - pin: 출력할 핀
  - frequency: 주파수(Hz 단위)
  - duration: 지속 시간(밀리초 단위)
- **noTone**(pin)
  - 주파수 출력을 멈춥니다.

- pin: 출력할 핀
- delay(ms)
  - 시간 간격을 설정합니다.
  - ms: 밀리초, 1000ms = 1초

```
void loop() {
  int gas_value=analogRead(gas_pin);   //가스센서 값 읽어오기
  Serial.println(gas_value);
  if(gas_value>100){                   //가스가 누출된 경우
    analogWrite(motor_pin, 150);       //모터 동작하기
    tone(buzzer_pin, 987);             //경고음 출력하기
  }
  else{                                //가스가 누출되지 않은 경우
    analogWrite(motor_pin, 0);         //모터 동작 멈추기
    noTone(buzzer_pin);                //경고음 출력 멈추기
  }
  delay(1000);
}
```

→ 가스센서의 값을 읽어 와서 100 이상이면 (가스가 누출된 경우)
  DC 모터의 팬이 동작하고 부저가 경고음(시)을 출력한다.
→ 가스센서의 값을 읽어 와서 100 이하이면 (가스가 누출 안 된 경우)
  DC 모터의 팬이 동작하는 것을 멈추고 부저의 경고음 출력을 멈춘다.

전체 코드

```
int gas_pin = A0;          //MQ7센서 핀번호 선언
int buzzer_pin = 2;        //부저 핀번호 선언
int motor_pin = 11;        //dc모터 핀번호 선언

void setup() {
  pinMode(gas_pin, INPUT);        //가스센서 핀모드 설정
  pinMode(buzzer_pin, OUTPUT);    //부저 핀모드 설정
  pinMode(motor_pin, OUTPUT);     //모터 핀모드 설정

  Serial.begin(9600);
}

void loop() {
  int gas_value=analogRead(gas_pin);//가스센서 값 읽어오기
  Serial.println(gas_value);
  if(gas_value>100){                   //가스가 누출된 경우
    analogWrite(motor_pin, 150);       //모터 동작하기
    tone(buzzer_pin, 987);             //경고음 출력하기
  }
  else{                                //가스가 누출되지 않은 경우
    analogWrite(motor_pin, 0);         //모터 동작 멈추기
    noTone(buzzer_pin);                //경고음 출력 멈추기
  }
  delay(1000);
}
```

4. 보드와 포트 설정하기

가. [툴] → [보드] → [Arduino Uno]을 선택합니다.

나. [툴] → [포트] → [COM9(Arduino Uno)]을 선택합니다.

5. 컴파일 및 업로드하기

가. [확인] 버튼을 눌러 컴파일을 수행합니다.

나. [업로드] 버튼을 눌러 업로드합니다.

3 메이킹

아두이노 장착 사진입니다.

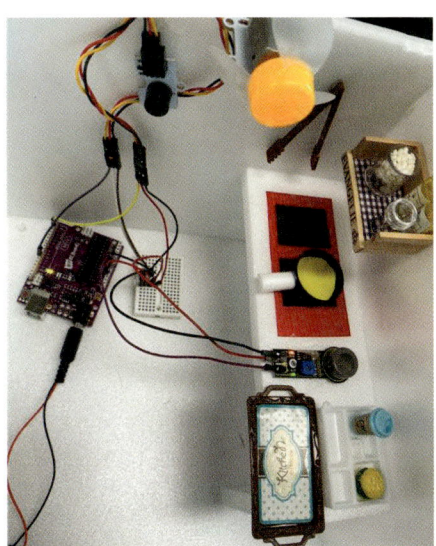

간식창고 지킴이

달콤한 젤리, 쌉쌀한 초콜릿, 짭조름 스낵 모두 거부하기 힘든 유혹이죠? 보통 주방에 간식창고가 있지 않나요? 하나둘 꺼내서 먹다 보면 어느새 "헉! 내가 이걸 다 먹었어?" 하고 놀라게 되죠. 이런 간식 창고 앞에 경고문을 부착해 보면 어떨까요?

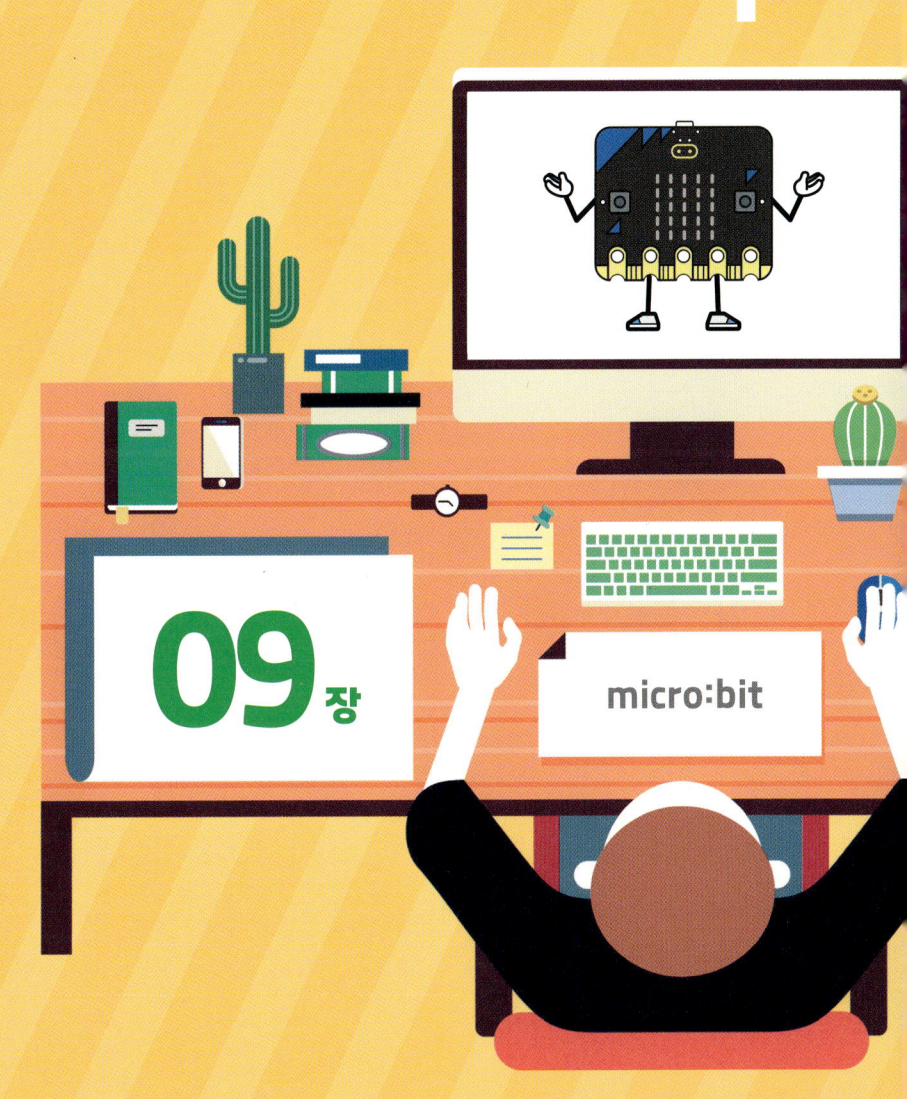

09장

micro:bit

09 간식창고 지킴이

1 자석센서(리드 스위치)와 I2C LCD 알아보기

1. 자석센서(리드 스위치)란?

리드 스위치 자기장 센서는 유리관 속의 2개의 리드가 자석에 의해 붙었다 떨어졌다 하면서 전류가 ON/OFF 되는 센서입니다. 유리관 속에 밀봉된 2개의 탄성을 가진 리드조각이 자석을 가까이하면 2개의 리드가 끌어당겨서 접점이 닫히면 전류가 흐르고 자석을 멀리하면 탄성으로 인해 리드가 멀어져서 접점이 열리면 전류가 OFF 됩니다.

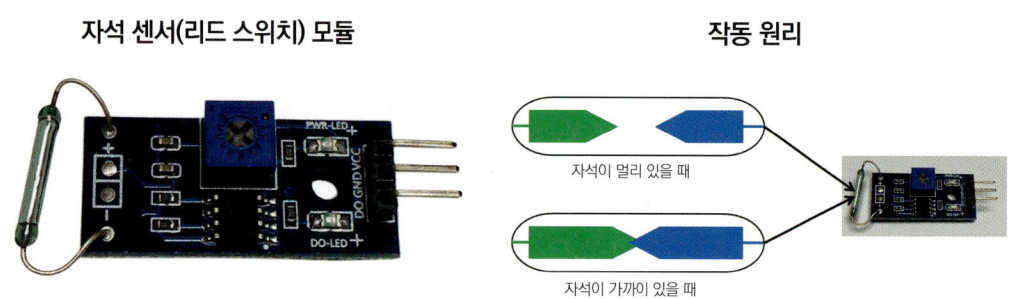

2. I2C LCD란?

LCD는 Liquid Crystal Display의 약자로 액정 표시 장치입니다. 주로 사용하는 LCD는 16x2 Character LCD로 1줄에 16개의 문자씩 총 2줄에 문자를 표현할 수 있습니다. 전원을 통해 백라이트를 동작시킨 후 문자를 액정에 표현할 수 있으며 뒤쪽의 가변저항을 통해 문자의 선명도를 조절할 수 있습니다.

 **마이크로비트 따라 하기**

학습목표	자석센서(리드 스위치)와 I2C LCD를 이용하여 간식창고 지킴이를 만들어 봅니다.
핵심 키워드	마이크로비트, 자석센서(리드 스위치), I2C LCD, 간식 창고 지킴이
준비물	마이크로비트, 브레이크아웃보드, 자석센서(리드스위치) 모듈, I2C LCD 모듈, RGB LED 모듈, FF점퍼 케이블, MF점퍼 케이블, USB 데이터 케이블, 배터리팩, AAA 배터리 2개
학습 시간	회로 구성: 5분 소프트웨어 코딩: 10분 메이킹: 20분
학습 난이도	★☆☆☆☆

1. 기능 구현

1. 기능 정의

문이 열릴 때마다 LCD 화면에 문 열림 횟수에 따른 경고 문구를 띄우고 LED로 경고한다.

자석센서에 자석이 감지되는가? (입력값: 0) → 문이 닫혀 있는 상태

  - RGB LED 꺼짐

자석센서에 자석이 감지되지 않는가? (입력값: 1) → 문이 열려 있는 상태

  - RGB LED 켜짐
  - 문이 열리는 횟수를 cnt(변수)에 저장
  - cnt(변수) > 7: LCD display("Stop!")

- 4 < cnt(변수) ≤ 7: LCD display("No more sweets!")
- 0 < cnt(변수) ≤ 4: LCD display("Have a nice day!")

정의된 기능을 간단히 순서도로 나타내면 아래와 같습니다.

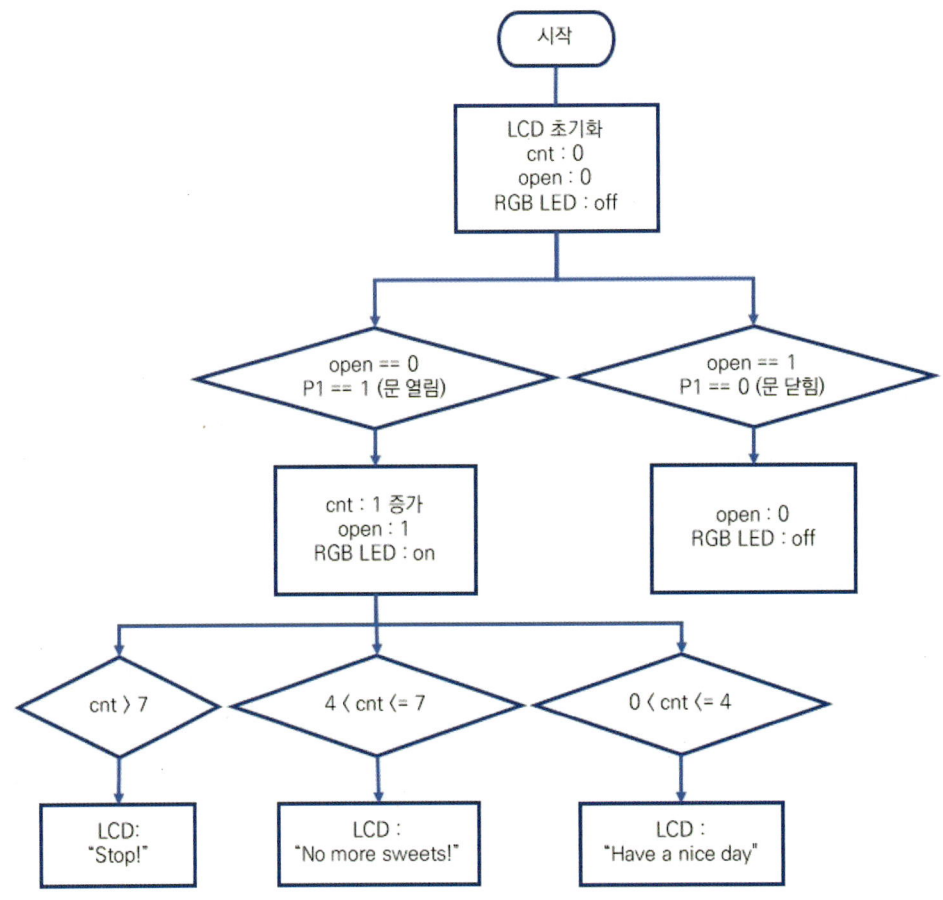

2. 회로 구성

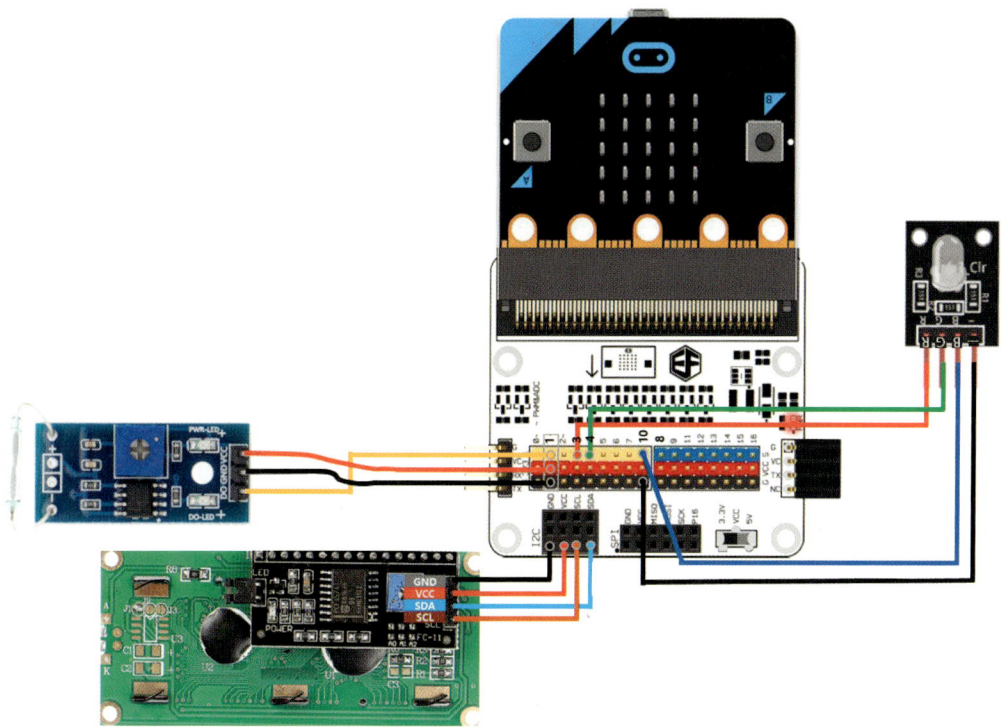

마이크로비트	I2C LCD 모듈
3V	VCC
GND	GND
19(SCL)	SCL
20(SDA)	SDA

마이크로비트	자석센서 모듈
3V	VCC
GND	GND
1	DO

1 19번, 20번 핀이 없는 경우 확장보드의 SCL, SDA 포트(핀) 사용

마이크로비트	RGB LED 모듈
GND	–
3	R
4	G
10	B

3. 기능 구현

1. MakeCode 편집기를 실행합니다. [URL]https://makecode.microbit.org/
2. 프로젝트 이름을 "9_간식창고지킴이"로 저장하고 새 프로젝트를 생성합니다.
3. 확장 → "lcd" 검색 후 "i2cLCD1602" 확장 블록을 추가합니다.

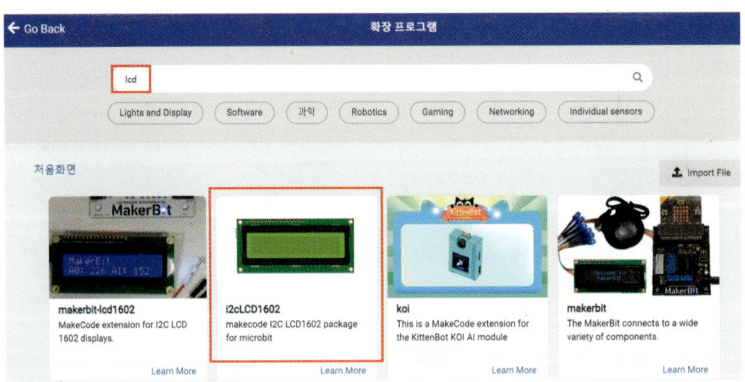

I2C LCD 기능이 추가되었습니다.

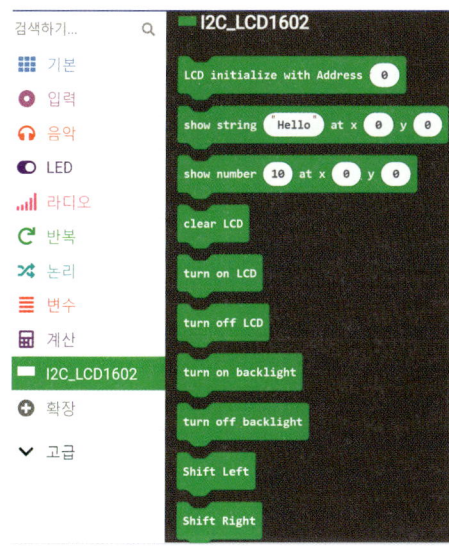

먼저 사용할 기능들에 대해서 **시작하면 실행** 블록에서 초기화를 합니다.

I2C LCD를 사용하기 위해서는 I2C LCD의 주소 값을 이용하여 초기화를 해야 합니다.

우리가 사용하는 I2C LCD의 주소는 일반적으로 0x27(39) 또는 0x3F(63)입니다.

처음 0x27를 입력해 보고 화면에 글씨가 출력되지 않으면 0x3F로 변경해서 테스트합니다. 또한 LCD에 아무것도 보이지 않으면 뒤에 있는 가변 저항을 이리저리 돌려 보면서 테스트해 봐야 합니다.

또한 LCD의 백라이트도 들어오지 않는다면 전압이 부족해서일 수 있습니다. 5V의 전압이 필요하니 5V가 지원되는 확장보드를 사용하거나 별도의 전압을 제공해야 합니다.

자석센서를 정상 동작하게 하기 위해서는 자석센서를 사용하는 핀의 저항을 pull-up 저항으로 사용하겠다고 선언해야 합니다.

또한 RGB LED를 꺼진 상태에서 시작하도록 **light_off** 함수를 만들어 호출합니다. **light_off** 함수는 다음 설명을 참고하세요.

창고 문이 열리는 횟수를 저장하기 위한 변수 **cnt**와 문이 열린 상태인지 닫힌 상태인지 저장하는 변수 **open**을 만든 후 0으로 지정합니다.

시작하면 실행 함수가 완료되었습니다.

이제 시리얼통신을 이용하여 자석센서가 어떻게 동작하는지 확인해 봅니다.

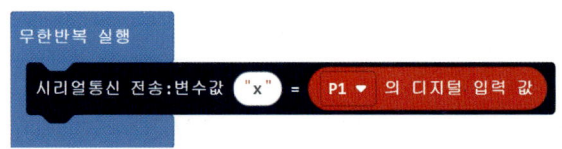

자석이 자석센서 가까이 있으면 입력값은 0, 자석이 멀어지면 1입니다.

자석은 문에 달아서 열리고 닫힘을 인식할 수 있게 합니다. 문이 닫혀 있는 동안은 0, 열리면 1이 될 것입니다.

```
무한반복 실행
  시리얼통신 전송:변수값 "x" = P1 ▼ 의 디지털 입력 값
  만약(if)  open ▼ = ▼ 0  그리고(and) ▼  P1 ▼ 의 디지털 입력 값 = ▼ 1  이면(then) 실행
      cnt ▼ 값 1 증가
      open ▼ 에 1 저장
      호출 light_on
      clear LCD
      호출 LCD_Display
  아니면서 만약(else if)  open ▼ = ▼ 1  그리고(and) ▼  P1 ▼ 의 디지털 입력 값 = ▼ 0  이면(then) 실행
      open ▼ 에 0 저장
      호출 light_off
      clear LCD
      show string "Snack Warehouse" at x 0 y 0
```

문이 열린 상태면 열린 횟수에 맞춰서 LCD 화면에 문구를 보여 줍니다.

그런데 자석센서의 상태값으로만 문이 열린 것을 판단한다고 하면 문이 열려 있는 동안 계속 문이 열렸다고 신호를 보내고 되고 문 열림 횟수를 저장하는 변수 **cnt**의 값은 엄청나게 커질 것입니다.

그래서 문이 열리는 순간 딱 한 번만 신호를 보내기 위해 변수 **open**을 사용합니다.

즉, 문이 닫힌 상태(open = 0)일 때 P1의 값(자석센서)이 1인 경우만 문일 열렸다고 신호를 보냅니다. 따라서 변수 **cnt**도 문일 열릴 때마다 값이 1씩만 증가할 것입니다.

문의 상태가 변했으니 LCD 화면에 표시합니다.

그리고 문이 열렸을 때는 창고에 있는 조명도 켜집니다. 문이 닫히면 조명은 꺼집니다.

문이 열렸는지 안 열렸는지 체크하는 부분에 대한 것은 완료되었습니다.

이번에는 사용자 정의 함수 **LCD_display**, **light_on**, **light_off**에 대해서 알아봅니다.

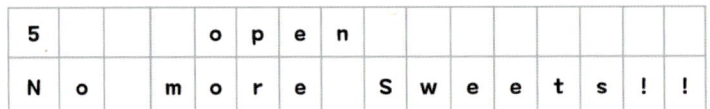

LCD_display는 아래 그림처럼 LCD 화면에 몇 번 문을 열었는지 알려 주는 함수입니다.

5				o	p	e	n				
N	o		m	o	r	e		S	w	e	e	t	s	!	!

첫 번째 줄은 문이 열린 횟수, 두 번째 줄은 문 열린 횟수에 따른 메시지입니다.

light_off, **light_on**은 말 그대로 조명을 끄고 켜기 위한 사용자 정의 함수입니다.
이 프로젝트에서는 On(1), Off(0)가 아닌 아날로그 값으로 제어합니다.
아날로그로는 0~1023 값으로 제어가 가능합니다. 0은 꺼짐, 1023은 최대 밝기로 켜지는 것은 의미합니다.

전체 블록은 다음과 같습니다.

마이크로비트에 코드를 다운로드하여 동작을 확인합니다.

2 메이킹

레비가 간식을 너무 많이 먹어서 다이어트를 시작하기로 했어요.

레비의 간식창고를 만들어서 몇 번 먹었는지 레비가 알 수 있게 해 줄 거예요.

그럼 만들어 볼까요?

준비물이 필요하겠죠?

보드지, 작은 자석입니다.

보드지를 적당한 크기로 자릅니다.

냉장고 모양으로 만들면 좋을 것 같아요.

뒷면, 옆면, 밑면 모두 모서리를 붙여서 냉장고 형태로 만들었나요?

그럼 열리는 문 안쪽에 자석을 붙여 줍니다.

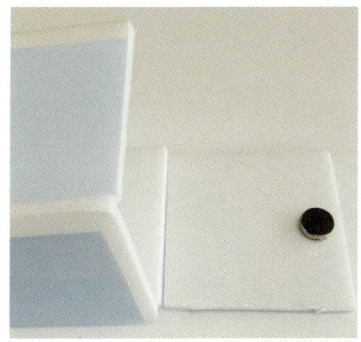

자석을 잘 붙였다면 이제 안쪽에 자석센서 모듈을 달아야 합니다.

자석센서와 자석이 잘 맞닿아 있는지 확인하고 장착해야 해요. 정확하게 잘 맞았다면 이제 RGB LED 모듈을 달아 줍니다.

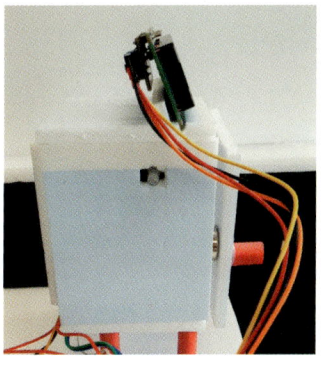

옆면에 LED가 보이죠? 이제 위쪽 면에 I2C LCD 모듈을 장착하고 마이크로비트를 연결하면 끝~

간식창고 지킴이에 필요한 모든 부품을 장착한 사진입니다.
이제 동작을 시켜 보면 되겠죠?
레비, 이제 간식은 조금만 먹어~
몇 번 열었는지 다 확인되니까 속이려고 하면 안 돼~ ㅎㅎ

잘 되었죠? 이제 아두이노로 간식창고 지킴이를 만들러 갈까요?

아두이노 따라 하기

학습목표	자석센서(리드 스위치)를 이용하여 간식창고 지킴이를 만들어 봅니다.
핵심 키워드	아두이노, 자석센서(리드 스위치), I2C LCD 모듈, 간식 창고 지킴이
준비물	아두이노 우노 보드, 자석센서(리드 스위치) 모듈, I2C LCD 모듈, RGB LED 모듈, USB-B 데이터 케이블, 미니 브레드 보드, FM점퍼선, MM점퍼선, 자석
학습 시간	회로 구성: 5분 소프트웨어 코딩: 20분 메이킹: 20분
학습 난이도	★★☆☆☆

1. 기능 구현

1. 기능 정의

- 자석센서에 자석이 감지되면(입력값: 0 → 문이 닫힌 상태)
  - RGB LED 꺼집니다.
- 자석센서에 자석이 감지되지 않으면(입력값: 1 → 문이 열린 상태)
  - RGB LED 켜집니다.
  - 문이 열리는 횟수 (변수: cnt) 를 증가시킵니다. 이때
- cnt 값이 4 이하이면 LCD display에 "Have a nice day!"을 출력합니다.
- cnt 값이 7 이하이면 LCD display에 "No more sweets!"을 출력합니다.
- cnt 값이 7 초과하면 LCD display에 "Stop!"을 출력합니다.

2. 회로 구성

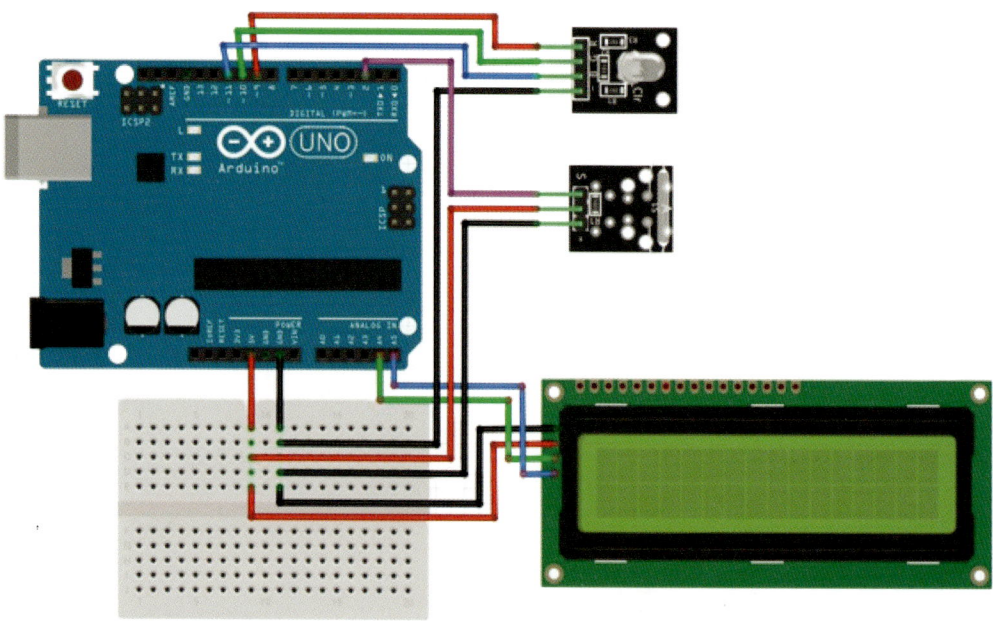

아두이노 우노 보드	RGB LED 모듈
D11	B
D10	G
D9	R
GND	-

아두이노 우노 보드	자석센서 모듈
D3	DO
GND	GND
5V	VCC

아두이노 우노 보드	I2C LCD 모듈
GND	GND
5V	VCC
A4	SDA
A5	SCL

3. 스케치 작성

1. 아두이노 IDE를 시작합니다.
2. 프로젝트 이름은 "9_snack_warehouse_guard"으로 저장합니다.
3. I2C LCD 모듈을 사용하기 위해 라이브러리를 설치합니다.

가. 아래의 링크로 접속하기

　　https://github.com/fdebrabander/Arduino-LiquidCrystal-I2C-library

나. 초록색 버튼의 "Code"를 클릭하고, "Download ZIP"을 눌러 라이브러리 압축파일을 다운 받습니다.(다운 받은 파일의 압축을 풀지 않습니다)

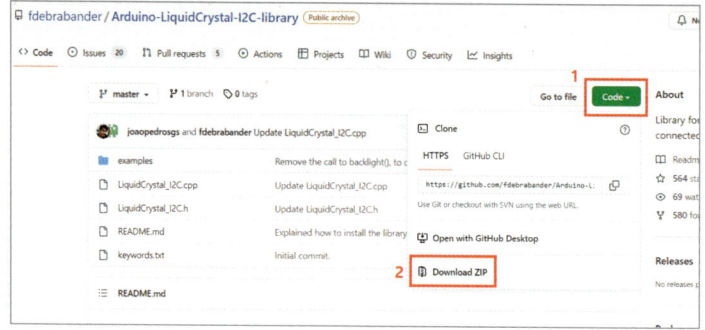

다. 아두이노 IDE 메뉴에서 ".ZIP 라이브러리 추가.."로 들어가 방금 다운 받은 파일을 선택하고 "열기"를 눌러 주면 라이브러리 설치가 완료된 것입니다.

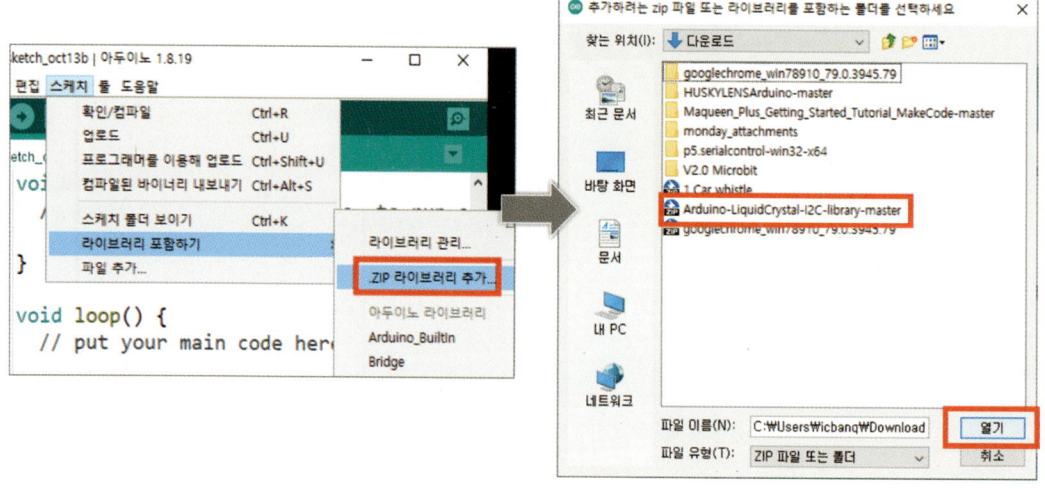

4. 소스 코드

가. 변수 선언하기

- LCD display를 사용하기 위한 헤더 파일 추가하기
- LiquidCrystal_I2C lcd이름(addr, column, row)
  - LCD display 사용을 위한 객체를 생성합니다.
  - addr: LCD 주소로 0x3F 또는 0x27을 사용
  - column: LCD 칸의 개수로 16을 사용
  - row: LCD의 줄 수로 2를 사용

- RGB LED 사용을 위한 변수를 선언하고 핀번호를 설정합니다.
- 자석센서 사용을 위한 변수를 선언하고 핀번호를 설정합니다.
- 문 열리는 횟수 저장할 변수를 선언하고 초깃값을 설정합니다.
- 문이 열렸는지 닫혔는지 알려 주는 변수를 선언하고 초깃값을 설정합니다.

```
#include <Wire.h>
#include <LiquidCrystal_I2C.h>
//Set the LCD address to 0x27 for a 16 chars and 2 line display
//I2C LCD 객체 선언, LCD 주소 : 0x3F or 0x27, 16칸 2줄
LiquidCrystal_I2C lcd(0x27, 16, 2);

int R_LED_pin = 9;          //red led 9번핀 사용
int G_LED_pin = 10;         //green led 10번핀 사용
int B_LED_pin = 11;         //blue led 11번핀 사용

int reed_switch_pin = 3;    //리드 스위치(자석센서) 2번핀 사용

int cnt = 0;                //문 열리는 횟수 저장하는 변수
boolean open_door = false;  //문 열렸는지 닫혔는지 알려주는 변수
```

나. changeLED( ) 함수

- 사용자 정의 함수로 전달받은 매개변수값으로 RGB LED의 색을 변경합니다.
- digitalWrite(pin, value)
  - 지정한 디지털 핀에 값을 출력합니다.
  - pin: 핀번호
  - value: 출력할 값, HIGH 또는 LOW

```
void changeLED(int r, int g, int b){ //RGB LED 동작시키는 함수
    digitalWrite(R_LED_pin, r);
    digitalWrite(G_LED_pin, g);
    digitalWrite(B_LED_pin, b);
}
```

다. printLCD( ) 함수

- 사용자 정의 함수로 전달받은 매개변수값으로 RGB LED의 색을 변경합니다.
- lcd이름.clear( )
  - LCD에 인쇄된 데이터를 지웁니다.
- lcd이름.setCursor(col, row)
  - LCD에 데이터가 표시될 위치를 설정합니다.
  - col: 커서가 놓일 열(0: 첫 번째 열)
  - row: 커서가 놓일 행(0: 첫 번째 행)
- lcd이름.print(data)
  - LCD에 데이터를 인쇄합니다.
  - data: 인쇄할 데이터

```
void printLCD(int i){              //문구 출력하는 함수
  if( i == HIGH ){                 //문이 열린 상태
    lcd.clear();
    lcd.setCursor(0,0);            //LCD 1번째, 1라인에 커서셋팅
    lcd.print(cnt);                //lcd에 message 출력
    lcd.setCursor(5,0);            //LCD 5번째, 1라인에 커서셋팅
    lcd.print("open");             //lcd에 message 출력

    if(cnt <= 4){
      lcd.setCursor(0,1);          //LCD 1번째, 2라인에 커서셋팅
      lcd.print("Have a nice day!");//lcd에 message 출력
    }
    else if(cnt <= 7){
      lcd.setCursor(0,1);          //LCD 1번째, 2라인에 커서셋팅
      lcd.print("No more sweets!");//lcd에 message 출력
    }
    else if(cnt > 7){
      lcd.setCursor(0,1);          //LCD 1번째, 2라인에 커서셋팅
      lcd.print("STOP!!!!!!!!!!!!");//lcd에 message 출력
    }
  }else{                           // 문이 닫힌 상태
    lcd.clear();
    lcd.setCursor(0,0);            //LCD 1번째, 1라인에 커서셋팅
    lcd.print("Sanck warehouse");  //lcd에 message 출력
    lcd.setCursor(0,1);            //LCD 1번째, 2라인에 커서셋팅
    lcd.print("Guard!!");          //lcd에 message 출력
  }
}
```

라. setup( ) 함수

- lcd이름.begin( )
  - LCD 사용을 시작합니다.
- lcd이름.backlight( )
  - LCD의 backlight를 켭니다.
- lcd이름.setCursor(col, row)
  - LCD에 데이터가 표시될 위치를 설정합니다.
  - col: 커서가 놓일 열(0: 첫 번째 열)
  - row: 커서가 놓일 행(0: 첫 번째 행)
- lcd이름.print(data)
  - LCD에 데이터를 인쇄합니다.
  - data: 인쇄할 데이터
- pinMode(pinNumber, mode)
  - 아두이노의 특정핀을 입력 또는 출력으로 동작하도록 설정합니다.
  - pinNumber: 모드를 설정하려는 핀번호
  - mode: INPUT, OUTPUT, INPUT_PULLUP
- Serial.begin(speed)
  - 시리얼통신을 9600보드레이트 속도로 시작합니다.
  - speed: 전송속도, 초당 비트수

```
void setup() {
    lcd.begin();                        //lcd 사용을 시작
    lcd.backlight();                    //lcd backlight 켜기
    lcd.setCursor(0,0);                 //LCD 1번째, 1라인에 커서셋팅
    lcd.print("Sanck warehouse");       //lcd에 message 출력
    lcd.setCursor(0,1);                 //LCD 1번째, 2라인에 커서셋팅
    lcd.print("Guard!!!!");             //lcd에 message 출력

    pinMode(R_LED_pin,OUTPUT);          // red led 핀모드 설정
    pinMode(G_LED_pin,OUTPUT);          // green led 핀모드 설정
    pinMode(B_LED_pin,OUTPUT);          // blue led 핀모드 설정
    pinMode(reed_switch_pin,INPUT),     // 리드 스위치 핀모드 설정

    Serial.begin(9600);
}
```

마. loop( ) 함수

- **analogRead**(pin)
  - 지정한 아날로그 핀에서 값을 읽어 옵니다.
  - pin: 읽으려는 아날로그 핀번호(A0~A5)
  - 반환값: 0~1023
- **Serial.println**(data)
  - 시리얼통신으로 데이터를 출력합니다.
  - data: 출력할 데이터
- **delay**(ms)
  - 시간 간격을 설정합니다.
  - ms: 밀리초, 1000ms = 1초

```
void loop() {
  int reedVal = digitalRead(reed_switch_pin);  //리드스위치값 읽어오기
  Serial.println(String("reed:")+reedVal);

  if( reedVal == HIGH ) {            //리드스위치값이 HIGH면 문이 열린 경우
    if(open_door == false) {         //처음 문이 열린 경우
      cnt++;
      changeLED(255,255,255);        //LED ON 시키기
      printLCD(reedVal);             //lcd에 문구 출력하기
      open_door = true;              //open_door 변수값 변경하기
    }
  }else{                             //리드스위치값이 LOW면 문이 닫힌 경우
    if(open_door == true){           //처음 문이 닫힌 경우
      changeLED(0,0,0);              //LED OFF 시키기
      printLCD(reedVal);             //lcd에 문구 출력하기
      open_door = false;             //open_door 변수값 변경하기
    }
  }
  delay(1000);
}
```

→ 자석이 리드 스위치 가까이 있으면 입력 값은 0, 자석이 멀어지면 1이 됩니다. 즉, 문이 닫혀 있는 동안은 0, 열리면 1이 될 것입니다.

→ 문이 열리면 열린 횟수에 따라 문구가 LCD에 출력됩니다. 이때, 자석센서의 값으로만 문이 열린 상태를 판단하면 문이 열려 있는 동안은 계속 열린 횟수가 카운트되어 정상적으로 동

작하지 않게 됩니다.

→ 처음 문이 열렸을 때만 열린 횟수가 카운트되도록 open_door 변수를 사용하여 자석센서값이 1인 경우 문이 닫힌 상태(open_door = false)일 때만 LCD에 문구를 출력하도록 합니다. 그리고 open_door 변수는 true로 변경합니다.

→ 또한 문이 닫히면 처음 문이 닫혔을 때만 동작하도록 자석센서값이 0인 경우 문이 열린 상태(open_door = true) 일 때만 LCD에 문구를 출력하도록 합니다. 그리고 open_door 변수는 false로 변경합니다.

전체 코드

```cpp
#include <Wire.h>
#include <LiquidCrystal_I2C.h>
//Set the LCD address to 0x27 for a 16 chars and 2 line display
//I2C LCD 객체 선언, LCD 주소 : 0x3F or 0x27, 16칸 2줄
LiquidCrystal_I2C lcd(0x27, 16, 2);

int R_LED_pin = 9;              //red led 9번핀 사용
int G_LED_pin = 10;             //green led 10번핀 사용
int B_LED_pin = 11;             //blue led 11번핀 사용

int reed_switch_pin = 3;        //리드 스위치(자석센서) 2번핀 사용

int cnt = 0;                    //문 열리는 횟수 저장하는 변수
boolean open_door = false;      //문 열렸는지 닫혔는지 알려주는 변수

void changeLED(int r, int g, int b){  //RGB LED 동작시키는 함수
    digitalWrite(R_LED_pin, r);
    digitalWrite(G_LED_pin, g);
    digitalWrite(B_LED_pin, b);
}

void printLCD(int i){            //문구 출력하는 함수
    if( i == HIGH ){             //문이 열린 상태
        lcd.clear();
        lcd.setCursor(0,0);      //LCD 1번째, 1라인에 커서셋팅
        lcd.print(cnt);          //lcd에 message 출력
        lcd.setCursor(5,0);      //LCD 5번째, 1라인에 커서셋팅
        lcd.print("open");       //lcd에 message 출력
```

```
    if(cnt <= 4){
      lcd.setCursor(0,1);          //LCD 1번째, 2라인에 커서셋팅
      lcd.print("Have a nice day!");//lcd에 message 출력
    }
    else if(cnt <= 7){
      lcd.setCursor(0,1);          //LCD 1번째, 2라인에 커서셋팅
      lcd.print("No more sweets!");//lcd에 message 출력
    }
    else if(cnt > 7){
      lcd.setCursor(0,1);          //LCD 1번째, 2라인에 커서셋팅
      lcd.print("STOP!!!!!!!!!!!!");//lcd에 message 출력
    }
  }else{                           // 문이 닫힌 상태
    lcd.clear();
    lcd.setCursor(0,0);            //LCD 1번째, 1라인에 커서셋팅
    lcd.print("Sanck warehouse");  //lcd에 message 출력
    lcd.setCursor(0,1);            //LCD 1번째, 2라인에 커서셋팅
    lcd.print("Guard!!");          //lcd에 message 출력
  }
}
```

```
void setup() {
  lcd.begin();                     //lcd 사용을 시작
  lcd.backlight();                 //lcd backlight 켜기
  lcd.setCursor(0,0);              //LCD 1번째, 1라인에 커서셋팅
  lcd.print("Sanck warehouse");    //lcd에 message 출력
  lcd.setCursor(0,1);              //LCD 1번째, 2라인에 커서셋팅
  lcd.print("Guard!!!!");          //lcd에 message 출력

  pinMode(R_LED_pin,OUTPUT);       // red led 핀모드 설정
  pinMode(G_LED_pin,OUTPUT);       // green led 핀모드 설정
  pinMode(B_LED_pin,OUTPUT);       // blue led 핀모드 설정
  pinMode(reed_switch_pin,INPUT);  // 리드 스위치 핀모드 설정

  Serial.begin(9600);
}
```

```
void loop() {
  int reedVal = digitalRead(reed_switch_pin);//리드스위치값 읽어오기
  Serial.println(String("reed:")+reedVal);

  if( reedVal == HIGH ) {      //리드스위치값이 HIGH면 문이 열린 경우
    if(open_door == false) {    //처음 문이 열린 경우
      cnt++;
      changeLED(255,255,255);  //LED ON 시키기
      printLCD(reedVal);        //lcd에 문구 출력하기
      open_door = true;         //open_door 변수값 변경하기
    }
  }else{                        //리드스위치값이 LOW면 문이 닫힌 경우
    if(open_door == true){      //처음 문이 닫힌 경우
      changeLED(0,0,0);         //LED OFF 시키기
      printLCD(reedVal);        //lcd에 문구 출력하기
      open_door = false;        //open_door 변수값 변경하기
    }
  }
  delay(1000);
}
```

4. 보드와 포트 설정하기

가. [툴] → [보드] → [Arduino Uno]을 선택합니다.

나. [툴] → [포트] → [COM9(Arduino Uno)]을 선택합니다.

5. 컴파일 및 업로드하기

가. [확인] 버튼을 눌러 컴파일을 수행합니다.

나. [업로드] 버튼을 눌러 업로드합니다.

3 메이킹

아두이노 장착 사진입니다.

벌써 4번 간식을 먹었네요~

아직 3번 더 먹을 수 있으니 다행이에요^^

MEMO

반려동물 자동 배식기 with 허스키렌즈

우리 집 고양이와 강아지는 항상 밥그릇을 가지고 싸웁니다.
인공지능 비전센서인 허스키렌즈를 이용하여 허락된 반려 동물에게만 밥을 주는 자동 배식기를 만들어 봅니다.

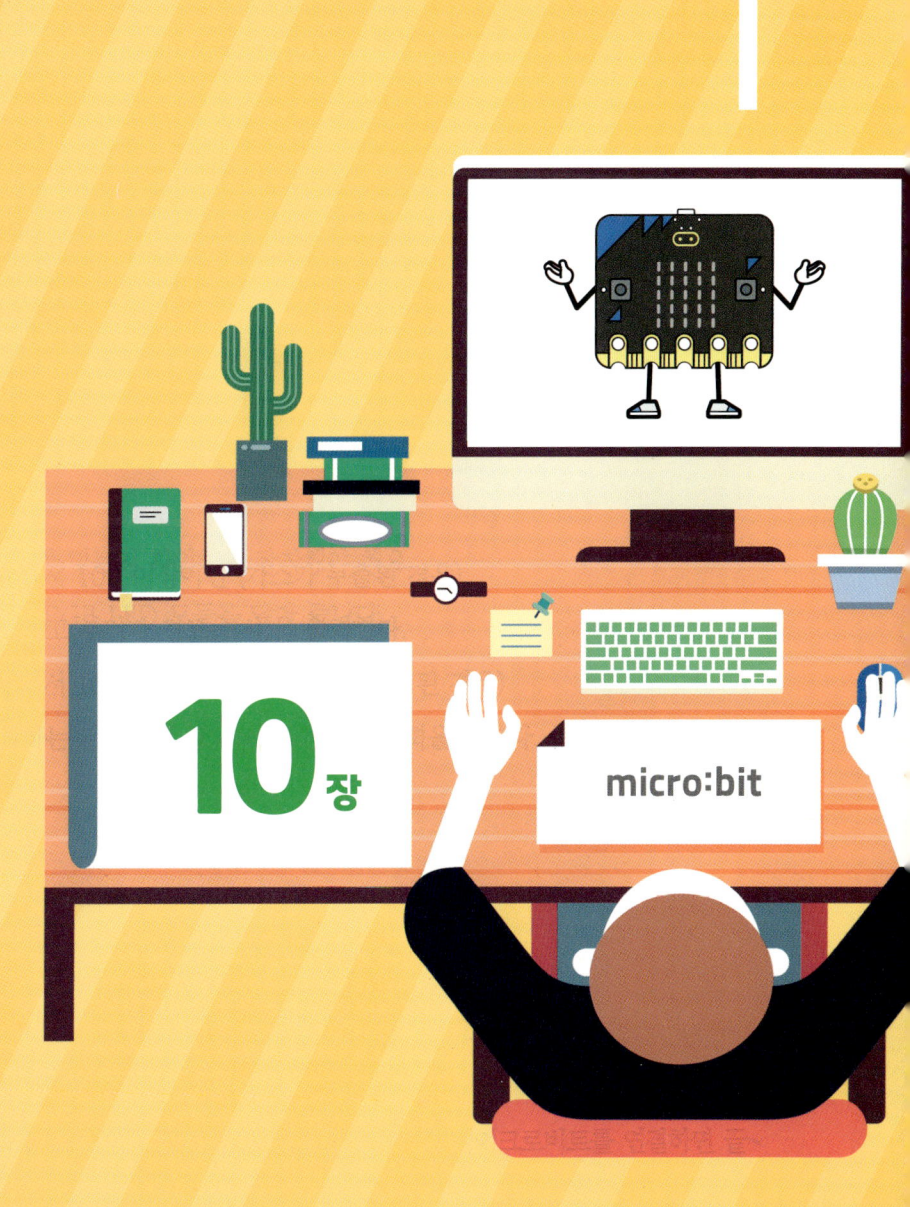

10장

micro:bit

10 반려동물 자동 배식기 with 허스키렌즈

1 허스키렌즈 알아보기

1. 허스키렌즈란?

허스키렌즈는 이미지 인식 알고리즘이 탑재된 비전(vision) 센서(sensor)입니다. 얼굴 인식, 물체 추적, 물체 인식, 라인 추적, 색상 인식 및 태그(QR 코드) 인식 등의 기능을 가지고 있습니다. 또한 UART/I2C 포트를 통해 아두이노, 마이크로비트, 라즈베리파이, 라떼판다 등의 보드와 연결하여 사용이 가능합니다.

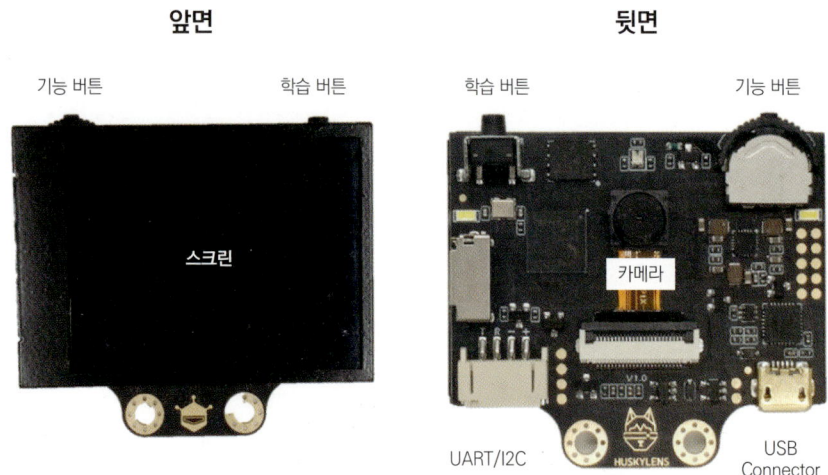

2. 허스키렌즈 사용 방법

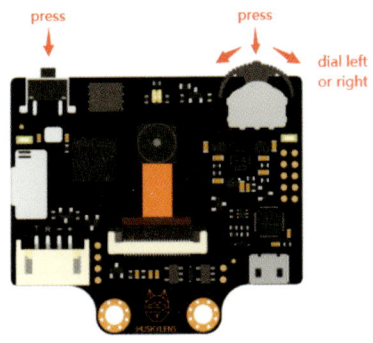

가. 학습 버튼
- 짧게 클릭하면 카메라에 인식된 개체를 학습합니다.
- 길게 클릭하면 지정된 각도와 거리에서 카메라에 인식된 개체를 계속 학습합니다.

나. 기능 버튼
- 기능을 전환하고자 할 때에는 왼쪽이나 오른쪽으로 다이얼을 돌려 메뉴를 변경합니다.
- 길게 클릭하면 2단계 메뉴(지정한 메뉴의 파라미터 설정 메뉴)로 들어가서 매개변수를 설정합니다.

3. 물체 인식 기능 사용하기

가. 기능 버튼을 오른쪽으로 돌려 "Object Recognition" 메뉴로 이동합니다.

나. 반려 동물 사진을 준비한 후 허스키렌즈를 학습시킵니다.
- 허스키렌즈가 사진을 cat(하얀 프레임)으로 인식하는지 확인합니다.

- 학습버튼을 눌러 고양이의 사진을 학습시킵니다.

    이때 하얀 프레임은 파란색으로 바뀌고 "cat:ID1"로 글씨가 변경됩니다.

다. 허스키렌즈의 프로토콜 유형을 I2C로 설정합니다.

- 기능 버튼을 오른쪽으로 돌려 "General Settings" 메뉴로 이동합니다.

- 기능 버튼을 길게 눌러 매개변수 설정 메뉴로 이동합니다.

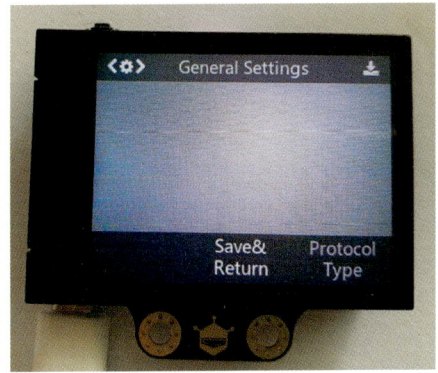

- 기능 버튼을 오른쪽으로 돌려 "Protocol Type" 메뉴로 이동합니다.

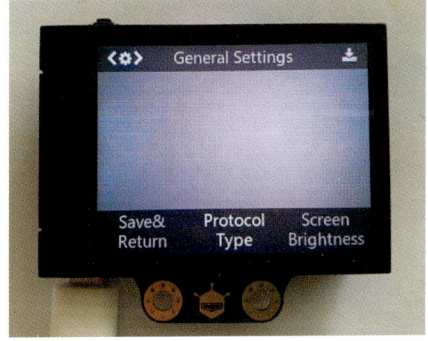

- 기능 버튼을 눌러 Protocol Type 설정메뉴로 들어간 후 다이얼을 돌려 I2C로 변경합니다. 일반적으로는 'auto detection' 상태에서 자동으로 protocol을 감지하지만 필요한 경우 수동으로 변경해 주면 됩니다.

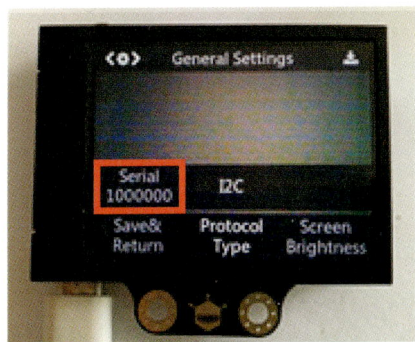

- 기능 버튼을 왼쪽으로 돌려 "Save & Return" 메뉴로 이동한 후 기능 버튼을 길게 눌러 변경된 내용을 저장합니다.

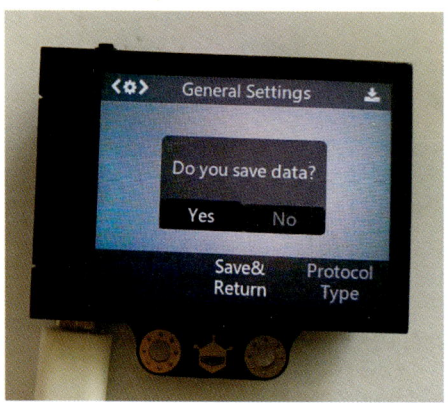

허스키렌즈 상세 설명 및 펌웨어 업그레이드 방법은 부록을 참조해 주세요!

학습목표	허스키렌즈와 서보모터, I2C OLED를 이용하여 자동으로 밥을 주는 배식기를 만듭니다.
핵심 키워드	마이크로비트, 허스키렌즈, 사물인식
준비물	마이크로비트, 센서비트, 허스키렌즈, I2C OLED, 서브모터, 택트 스위치 모듈, FF점퍼 케이블, USB 데이터 케이블, 배터리팩, AAA 배터리 2개, 보조배터리(허스키렌즈용)
학습 시간	회로 구성: 15분 소프트웨어 코딩: 20분 메이킹: 20분
학습 난이도	★★★☆☆

1. 기능 구현

1. 기능 정의

고양이가 감지되었고 배식 횟수가 3번 이하면 배식함

고양이가 감지되었고 배식 횟수가 3번 초과면 배식하지 않음(서보모터 동작하지 않음)

택트 스위치(버튼)을 눌러 횟수를 초기화함

2. 회로 구성

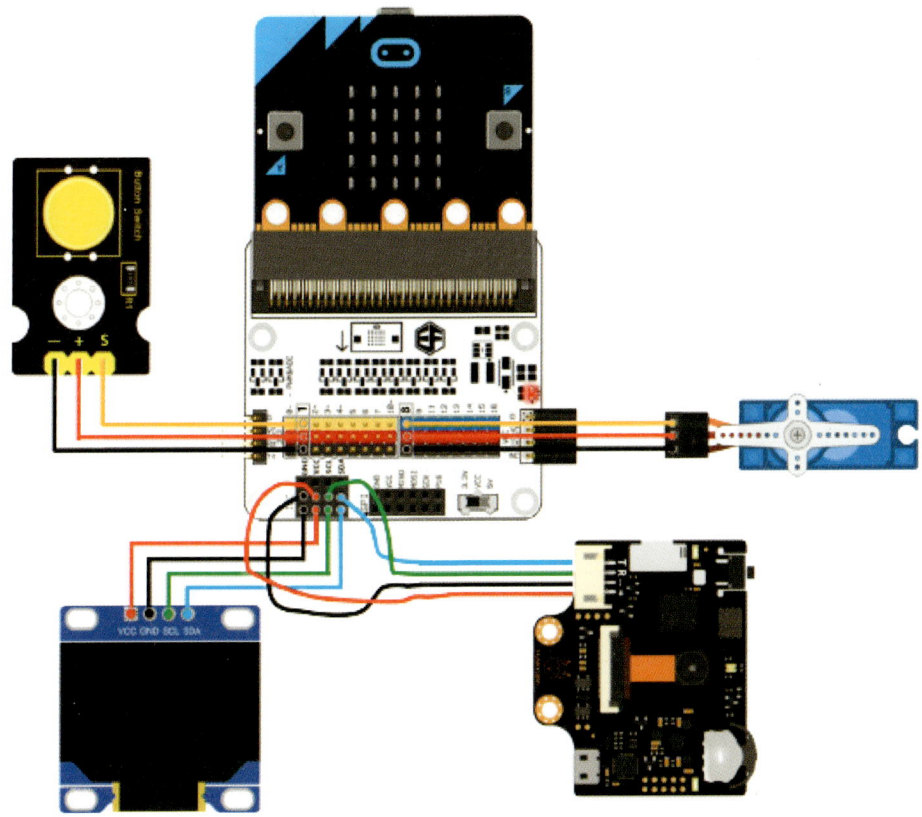

마이크로비트	허스키렌즈
20(DA)*	T
19(CL)*	R
GND	-
3V	+

마이크로비트	I2C OLED 모듈
GND	G
VCC	V
20(DA)*	SD
19(CL)*	CL

*: 마이크로비트 확장보드에는 19, 20번 핀 대신에 보드에 따라서 DA(SDA), CL(SCL) 포트나 핀으로 제공하기도 하니 확인 후 제공되는 핀을 사용

마이크로비트	서보모터
GND	갈색 선
VCC	빨강색 선
8	주황색 선

마이크로비트	택트 스위치 모듈
GND	-
3V	+
1	S

여기서 잠깐 – 마이크로비트 SCL, SDA

마이크로비트의 핀 중에는 특정 기능으로 할당되어 있는 핀들이 있습니다.

그중에서도 19번 핀과 20번 핀은 I2C(혹은 IIC) 통신용으로 지정되어 있습니다. 19번 핀은 SCL(serial clock line), 20번 핀은 SDA(serial data line)로 할당되어 있습니다.

확장보드 등을 사용할 때는 I2C 포트 형태로 제공됩니다.

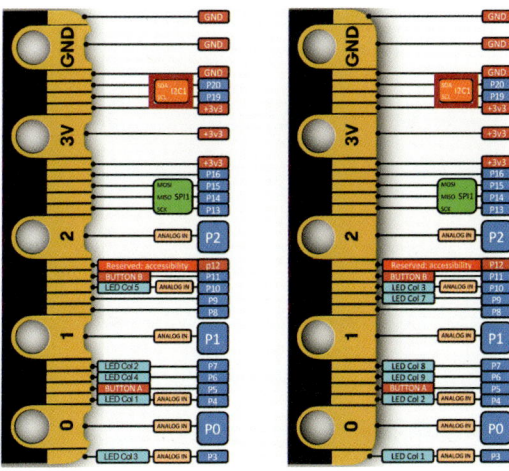

(출처: https://tech.microbit.org/hardware/edgeconnector/)

3. 기능 구현

1. MakeCode 편집기를 실행합니다. [URL] https://makecode.microbit.org/
2. 프로젝트 이름을 "10_자동배식기"로 저장하고 새 프로젝트를 생성합니다.
3. 확장 → "huskylens프 검색해서 추가합니다.
4. 확장 → "oled" 검색하여 "oled-ssd1306"을 추가합니다.

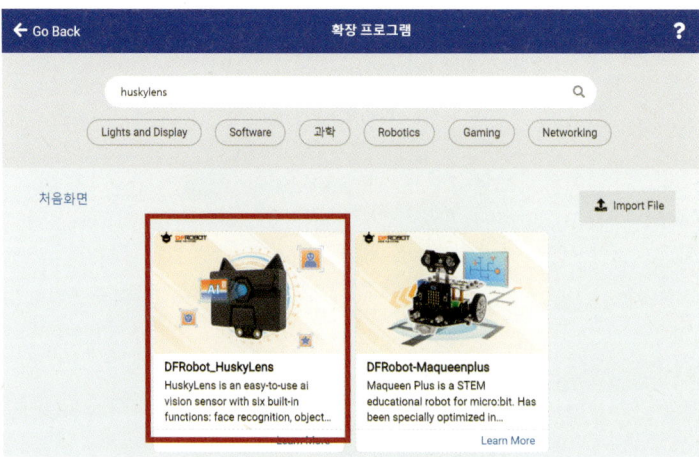

아래와 같이 허스키렌즈 블록이 추가되었는지 확인합니다.

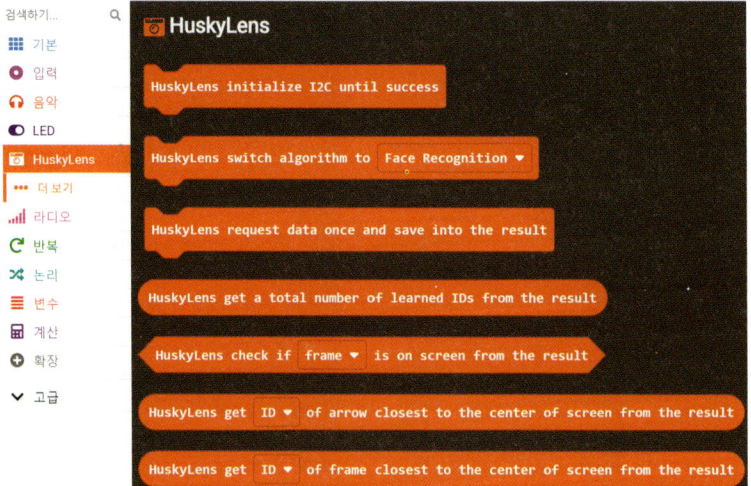

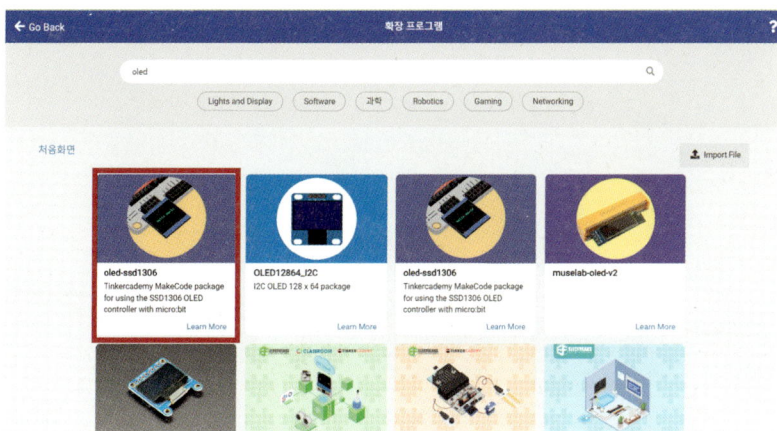

"oled"로 검색하면 위와 같이 여러 개의 확장 프로그램이 검색됩니다. 이 중 제일 첫 번째 (oled-ssd1306)를 선택합니다. 모듈을 사용하기 위한 블록들이 추가되었는지 확인합니다.

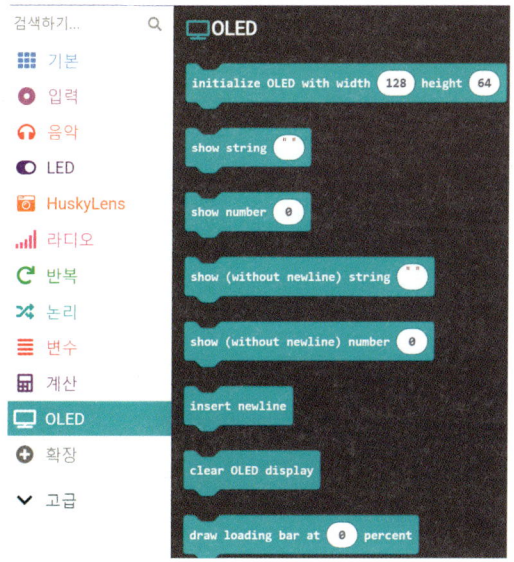

필요한 블록이 모두 추가되었습니다.
본격적으로 기능을 구현하기에 앞서 프로젝트에 사용할 사물을 학습시킵니다.
이번 주제는 반려동물의 자동 배식기이므로 고양이를 학습시켜 프로젝트에 사용합니다.

허스키렌즈에 전원을 공급하여 켜고 모드를 사물 인식(Object Recognition)으로 변경합니다. 그리고 고양이 사진을 인식시키면 [cat]이라고 인식 결과를 보여 줍니다. 이때 학습 버튼을 눌러 학습시키면 됩니다.

자세한 내용을 부록을 참고하세요.

이제 코드를 만들어 봅니다.
먼저 허스키렌즈를 사용하기 위해 초기화합니다.
허스키렌즈의 알고리즘을 "Object Recognition"으로 변경합니다.

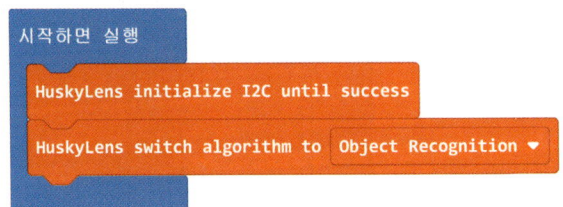

OLED와 변수, 서보모터도 초기화합니다.

OLED에 "Automatic feeding!"이라 적어 줍니다.
이제 마이크로비트에서 시작된 것을 확인하기 위해 아이콘을 출력해 줍니다.
서보모터(pin 8)는 90도 각도로 맞춥니다.
배식 횟수를 확인하기 위한 변수 **배식**은 0으로 저장합니다.
초기화 작업이 완료되었습니다.

이제 학습된 고양이가 오면 서보모터가 회전하면서 배식을 할 수 있도록 합니다.
먼저 허스키렌즈에서 데이터를 받아오기 위한 명령어를 추가합니다.

허스키렌즈에 사물이 확인되고 그것이 이미 학습시킨 ID1의 사물인 경우, 그리고 배식 횟수가 3번 이하인 경우에만 배식합니다. 변수 **배식**이 0, 1, 2인 상태에서는 배식하고 변수 **배식**이 3이 되면 더 이상 배식할 수 없음을 알려 줍니다.

학습된 사물이 인식되고 배식 횟수가 3 미만이면 배식을 위해 서보모터를 회전합니다. 서보모터는 180도로 회전시킨 후 1초 기다렸다가 다시 제자리로 돌아옵니다. OLED에 배식 횟수를 출력합니다.

3번 배식이 실행되면 이후에는 더 이상 배식이 되지 않습니다.
이때는 택트 스위치를 눌러 초기화할 수 있습니다.
빨간 상자 안의 코드가 추가된 초기화 코드입니다.

마이크로비트에 코드를 다운로드하여 동작을 확인합니다.

허스키렌즈 상세 설명 및 펌웨어 업그레이드 방법은 부록을 참조해 주세요! 마이크로비트와 허스키렌즈 그리고 서보모터, OLED를 같이 사용하기 위해서는 외장 배터리를 사용해야 합니다. 허스키렌즈는 외장 배터리를 이용하여 전원을 공급합니다.

2 메이킹

레비의 사랑스러운 고양이를 위해 자동급식기를 만들어 볼까 합니다.
레비 고양이 얼굴만 인식해서 사료가 자동적으로 나오게 해야겠어요.
다른 강아지가 뺏어 먹지 못하게 말이죠~
그럼 만들어 볼까요!
준비물이 필요하겠죠?

작은 종이컵 2개와 보드지를 준비합니다.
보드지를 조금 길쭉하게 잘라서 상자를 만들어 줍니다.
그리고 종이컵 하나의 밑면을 잘라 줍니다.
뚜껑 모양으로 만들어야 하니 전체를 다 자르면 안 됩니다.

밑면을 잘랐다면 아래쪽에 보드지를 밑면 길이에 맞게 잘라서 붙여 주고
서보모터 날개도 같이 붙여 줍니다.
이때 서보모터의 방향을 잘 체크한 다음 붙여 줘야 합니다.

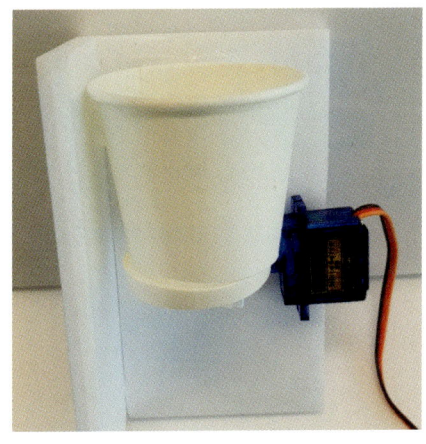

이제 상자로 만든 벽면에 서보모터와 종이컵을 잘 붙여 줍니다.
서보모터 방향이 잘 맞는지 동작 테스트를 다시 해 보고 나머지 작업을 진행하는 게 좋습니다.

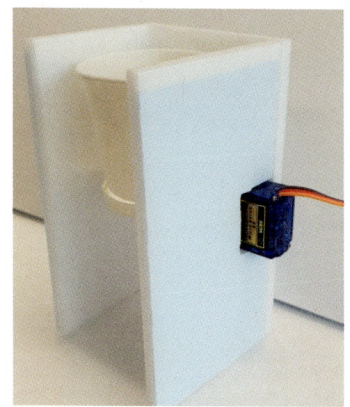

서보모터 자리에 구멍을 뚫어서 옆면도 잘 붙여 줍니다.

위에 종이컵에서 아래 종이컵으로 사료가 잘 내려올 수 있게 비스듬한 경사면을 보드지로 만들어 붙여 주면 완성~
나머지 부품들을 모두 잘 장착을 한 다음 동작을 시켜 보면 되겠죠?
레비의 고양이가 허스키렌즈에 인식이 되니 맛있는 사료가 와르르^^
맛있게 먹어~~

마이크로비트로 자동 배식기를 만들었으니 이번에는 아두이노로 자동 배식기를 만들게요. 마이크로비트는 OLED를 사용했지만 아두이노에서는 LCD를 사용해서 만들어 볼게요.

아두이노 따라 하기

학습목표	허스키렌즈와 서보모터, I2C LCD를 이용하여 반려동물 자동 배식기를 만듭니다.
핵심 키워드	아두이노, 허스키렌즈, 서보모터, I2C LCD , 택트 스위치
준비물	아두이노 우노 보드, 허스키렌즈, 서보모터, I2C LCD 모듈, 택트 스위치 모듈, USB-B 데이터 케이블, 미니 브레드 보드, FM점퍼선, MM점퍼선
학습 시간	회로 구성: 10분 소프트웨어 코딩: 20분 메이킹: 20분
학습 난이도	★★★☆☆

1. 기능 구현

1. 기능 정의

- 허스키렌즈가 사물을 인식합니다.
- 인식된 사물이 등록된 반려동물이라면
    - 배식 횟수가 3번 이상이면 배식하지 않습니다.
    - 배식 횟수가 3번 미만이면 배식합니다.
- 택트 스위치를 누르면 초기화 작업을 합니다.

2. 회로 구성

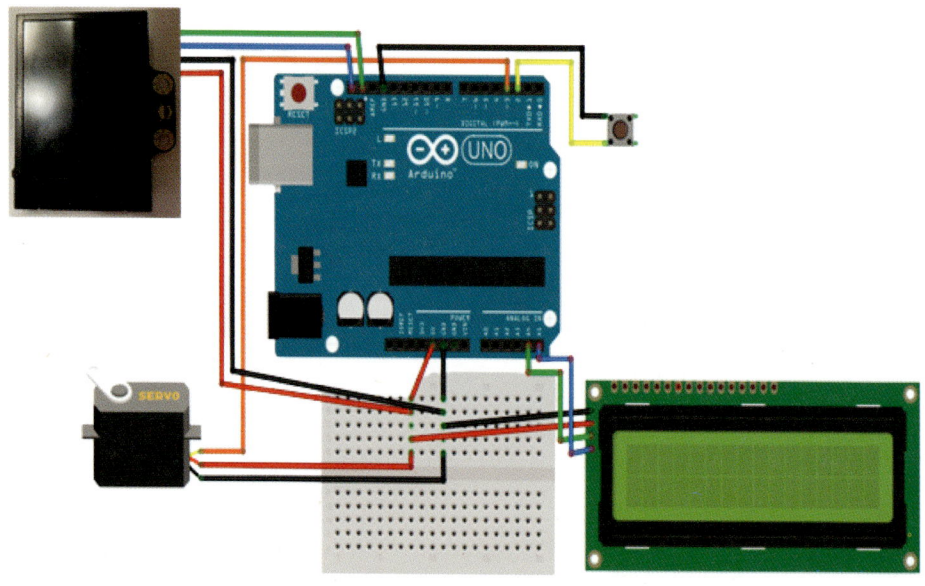

아두이노 우노 보드	허스키렌즈
SCL	T
SDA	R
GND	-
5V	+

아두이노 우노 보드	서보모터
GND	갈색 선
5V	빨간색 선
D3	주황색 선

아두이노 우노 보드	I2C LCD 모듈
GND	GND
5V	VCC
A4	SDA
A5	SCL

아두이노 우노 보드	택트 스위치 (내부저항 사용)
GND	왼쪽 핀1
D2	왼쪽 핀2
	오른쪽 핀1
	오른쪽 핀2

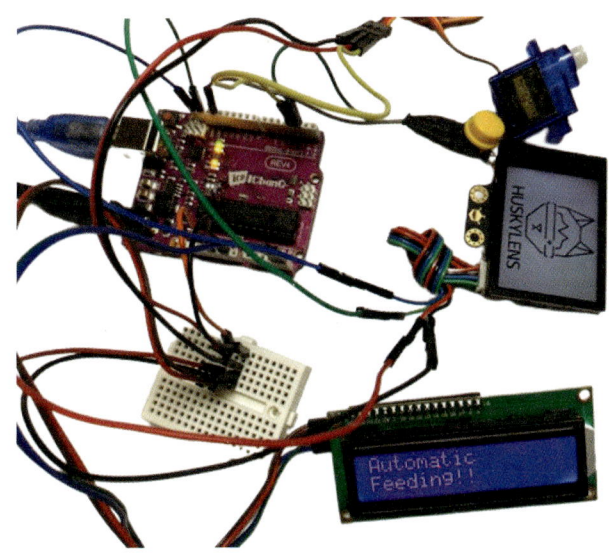

3. 스케치 작성

1. 아두이노 IDE를 시작합니다.

2. 프로젝트 이름은 "10_AI_automatic_feeding"으로 저장합니다.

3. 허스키렌즈를 사용하기 위해 라이브러리를 설치합니다.

가. 허스키렌즈의 제조사인 DFRobot 홈페이지에 접속하기

　　https://wiki.dfrobot.com/HUSKYLENS_V1.0_SKU_SEN0305_SEN0336#target_28

나. 접속 후 8장에서 "HUSKYLENS Library"를 클릭하여 라이브러리 다운로드하기 (파일명: HUSKYLENSArduino-master.zip)

다. 허스키렌즈 라이브러리를 설치합니다.

- 파일 압축을 푼 후 "HUSKYLENS" 폴더를 Arduino IDE의 "libraries" 폴더에 복사

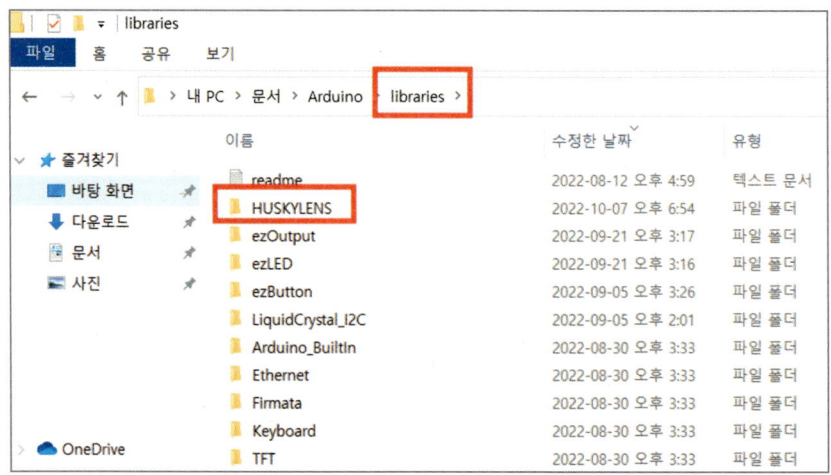

- 모든 .h 파일과 .cpp 파일은 "HUSKYLENS" 폴더의 루트 디렉토리에 있는지 확인

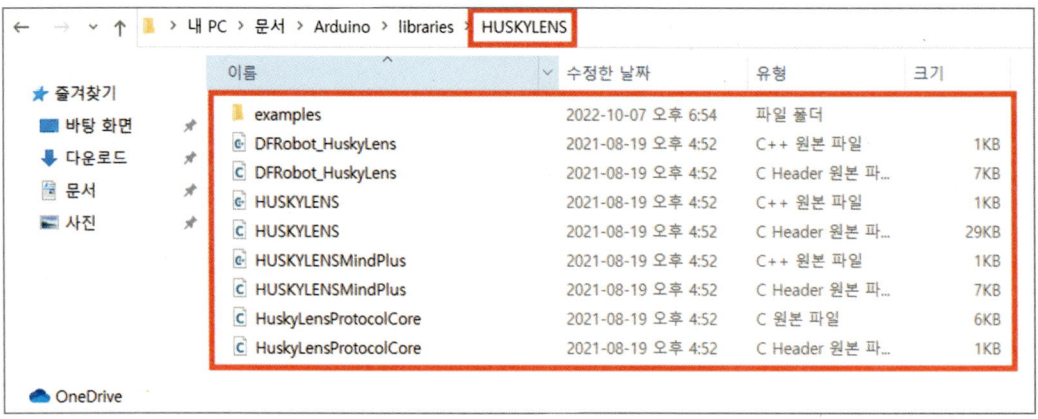

4. 소스 코드

가. 헤더파일 추가 및 변수 선언하기

- 허스키렌즈 사용을 위한 헤더파일을 추가합니다.
- 허스키렌즈와 통신을 위한 헤더파일을 추가합니다.
- HUSKYLENS 허스키렌즈이름
  - 허스키렌즈 객체를 생성합니다.
- printResult(result);
  - 허스키렌즈의 정보를 읽어 옵니다.
  - result: 허스키렌즈 결과값
- LCD display를 사용하기 위한 헤더 파일을 추가합니다.
- LiquidCrystal_I2C lcd이름(addr, column, row)
  - LCD 객체를 생성합니다.
  - addr: LCD 주소로 0x3F 또는 0x27을 사용
  - column: LCD 칸의 개수는 16.
  - row: LCD 줄의 수는 2
- 서보모터를 사용하기 위한 헤더파일을 추가합니다.
- Servo 서보모터이름
  - 서보모터 객체를 생성합니다.
- 서보모터 사용을 위한 변수를 선언하고 핀번호를 설정합니다.
- 택트 스위치 사용을 위한 변수를 선언하고 핀번호를 설정합니다.
- 배식횟수를 계산하기 위한 변수를 선언하고 초깃값을 설정합니다.

```
#include "HUSKYLENS.h"
#include "SoftwareSerial.h"
HUSKYLENS huskylens;
//HUSKYLENS green line >> SDA; blue line >> SCL
void printResult(HUSKYLENSResult result);

#include <LiquidCrystal_I2C.h>
// Set the LCD address to 0x27 for a 16 chars and 2 line display
//I2C LCD 객체 선언, LCD,주소 : 0x3F or 0x27, 16칸 2줄
LiquidCrystal_I2C lcd(0x27, 16, 2);

#include <Servo.h>
Servo servo;

int servo_pin = 3;        //서보모터 3번핀으로 설정
int button_pin = 2;       //버튼(배식재시작) 2번핀으로 설정

int eating_number = 0;    //배식횟수 계산을 위한 변수
```

나. setup( ) 함수

- Serial.begin(speed)
  - 시리얼통신을 9600보드레이트 속도로 시작합니다.
  - speed: 전송속도, 초당 비트수
- Wire.begin( )
  - I2C 통신을 시작합니다.
- 허스키렌즈이름.Begin(Wire)
  - 허스키렌즈를 I2C 통신을 사용하여 시작합니다.
- Serial.println(data)
  - 시리얼통신으로 데이터 출력합니다.
  - data: 출력할 데이터
- delay(ms)
  - 시간 간격을 설정합니다.
  - ms: 밀리초, 1000ms = 1초
- lcd이름.begin( )
  - LCD 사용을 시작합니다.

- lcd이름.backlight( )
  - LCD의 backlight를 켭니다.
- lcd이름.setCursor(col, row)
  - LCD에 데이터가 표시될 위치를 설정합니다.
  - col: 커서가 놓일 열(0: 첫 번째 열)
  - row: 커서가 놓일 행(0: 첫 번째 행)
- lcd이름.print(data)
  - LCD에 데이터를 인쇄합니다.
  - data: 인쇄할 데이터
- pinMode(pinNumber, mode)
  - 아두이노의 특정핀을 입력 또는 출력으로 동작하도록 설정합니다.
  - pinNumber: 모드를 설정하려는 핀번호
  - mode: INPUT, OUTPUT, INPUT_PULLUP
- 서보모터이름.attach(pin)
  - 서보모터를 초기화합니다.
  - pin: 신호를 출력할 핀번호 지정
- 서보모터이름.write(angle)
  - 서보모터의 위치를 설정합니다.
  - angle: 회전각도
- pinMode(pinNumber, mode)
  - 아두이노의 특정핀을 입력 또는 출력으로 동작하도록 설정합니다.
  - pinNumber: 모드를 설정하려는 핀번호
  - mode: INPUT, OUTPUT, INPUT_PULLUP

```
void setup() {
  Wire.begin();                              //허스키렌즈와 통신 시작하기
  while (!huskylens.begin(Wire)){//허스키렌즈와 통신이 실패한 경우
    Serial.println("Begin failed!");
    Serial.println("1.Please recheck the I2C");
    Serial.println("2.Please recheck the connection.");
    delay(100);
  }

  lcd.begin();                               ///LCD사용을 시작하기
  lcd.backlight();                           //LCD Backlight 켜기
  lcd.setCursor(0,0);                        //LCD 1행, 1열에 커서셋팅
  lcd.print("Automatic");                    //LCD에 message 출력
  lcd.setCursor(0,1);                        //LCD 1행, 2열에 커서셋팅
  lcd.print("Feeding!!");                    //LCD에 message 출력

  servo.attach(servo_pin);                   //서보모터 초기화하기
  servo.write(90);                           //서보모터 90도 회전하기

  pinMode(button_pin,INPUT_PULLUP); //버튼 핀모드 설정하기

  Serial.begin(9600);
}
```

다. loop( ) 함수

- Serial.println(data)
  - 시리얼통신으로 데이터를 출력합니다.
  - data: 출력할 데이터
- 허스키렌즈이름.request( )
  - 허스키렌즈가 연결되어 있는지 알려 줍니다.
- 허스키렌즈이름.isLearned( )
  - 허스키렌즈가 학습한 데이터가 있는지 여부를 알려 줍니다.
- 허스키렌즈이름.available( )
  - 허스키렌즈의 화면에 프레임이나 화살표가 나타나는지 알려 줍니다.
- 허스키렌즈이름.read( )
  - 허스키렌즈가 데이터를 읽어 옵니다.

- analogRead(pin)
  - 지정한 아날로그 핀에서 값을 읽어 옵니다.
  - pin: 읽으려는 아날로그 핀번호(A0~A5)
  - 반환값: 0~1023

```
void loop() {
  //허스키렌즈가 연결되어 있지 않은 경우
  if (!huskylens.request()){
    Serial.print("Fail to request data from HUSKYLENS, ");
    Serial.println("recheck the connection!");
  }
  //허스키렌즈가 학습되지 않은 경우
  else if(!huskylens.isLearned()){
    Serial.print("Nothing learned, press learn button ");
    Serial.println("on HUSKYLENS to learn one!");
  }
  //허스키렌즈에 인식할 물체가 없는 경우
  else if(!huskylens.available()){
    Serial.println("No block or arrow appears on the screen!");
  }
  else {
    Serial.println("###########");
    //허스키렌즈에 인식할 물체가 있는 경우
    while (huskylens.available()){
      HUSKYLENSResult result=huskylens.read();//인식한 data읽어오기
      printResult(result);         //읽어온 결과값 출력하기
    }
  }
```

```
  int val=digitalRead(button_pin);  //버튼값 읽어오기
  Serial.println(String("bt:")+val);
  if(!val){                         //버튼이 눌린 경우(배식재시작)
    eating_number=0;                //배식횟수 0으로 초기화

    lcd.clear();                    //LCD에 출력된 문자 지우기
    lcd.setCursor(0,0);             //LCD 1행,1열에 커서셋팅
    lcd.print(eating_number);       //LCD에 message 출력
    lcd.setCursor(0,1);             //LCD 1행,2열에 커서셋팅
    lcd.print("eating...");         //LCD에 message 출력

  }
}
```

라. printResult( ) 함수

- 허스키렌즈가 읽은 데이터를 가지고 작업하는 함수입니다.
- Serial.println(data)
  - 시리얼통신으로 데이터를 출력합니다.
  - data: 출력할 데이터
- delay(ms)
  - 시간 간격을 지정합니다.
  - ms: 밀리초, 1000ms = 1초
- lcd이름.clear( )
  - LCD에 인쇄된 데이터를 지웁니다.
- lcd이름 setCursor(col, row)
  - LCD에 데이터가 표시될 위치를 설정합니다.
  - col: 커서가 놓일 열(0: 첫 번째 열)
  - row: 커서가 놓일 행(0: 첫 번째 행)
- lcd이름.print(data)
  - LCD에 데이터를 인쇄합니다.
  - data: 인쇄할 데이터
- 서보모터이름.write(angle)
  - 서보모터의 위치를 설정합니다.
  - angle: 회전각도
- delay(ms)
  - 시간 간격을 설정합니다.
  - ms: 밀리초, 1000ms = 1초

```cpp
void printResult(HUSKYLENSResult result){
  //허스키렌즈가 frame(block)을 인식하여 데이터를 읽어온 경우
  if (result.command == COMMAND_RETURN_BLOCK){
    Serial.println(String("ID : ")+result.ID);
    if(result.ID == 1){                    //등록된 ID가 1인경우
      if(eating_number <= 3){              //배식된 횟수가 3이하인 경우
        eating_number++;                   //배식횟수 1증가
        Serial.println(eating_number);
        lcd.clear();                       //LCD에 출력된 문자 지우기
        lcd.setCursor(0,0);                //LCD 1번째, 1라인에 커서셋팅
        lcd.print(eating_number);          //LCD에 message 출력
        lcd.setCursor(0,1);                //LCD 1번째, 2라인에 커서셋팅
        lcd.print("eating...");            //LCD에 message 출력

        servo.write(0);                    //서보모터 0도로 회전
        delay(1000);                       //1초 정지
        servo.write(90);                   //서보모터 90도로 회전
      }
      delay(5000);
    }
  }
}
```

→ 허스키렌즈가 등록한 반려동물을 인식하면 서보모터가 동작하여 배식을 합니다.

→ 배식 횟수가 3 이하이면 배식을 하고 LCD에 배식 횟수를 출력합니다.

→ 배식 횟수가 3을 초과하면 더 이상 배식하지 않습니다.

→ 택트 스위치를 누르면 배식횟수가 0으로 초기화되고 LCD에 배식횟수를 출력합니다.

전체 코드

```cpp
#include "HUSKYLENS.h"
#include "SoftwareSerial.h"
HUSKYLENS huskylens;
//HUSKYLENS green line >> SDA; blue line >> SCL
void printResult(HUSKYLENSResult result);

#include <LiquidCrystal_I2C.h>
// Set the LCD address to 0x27 for a 16 chars and 2 line display
//I2C LCD 객체 선언, LCD,주소 : 0x3F or 0x27, 16칸 2줄
LiquidCrystal_I2C lcd(0x27, 16, 2);

#include <Servo.h>
Servo servo;

int servo_pin = 3;          //서보모터 3번핀으로 설정
int button_pin = 2;         //버튼(배식재시작) 2번핀으로 설정

int eating_number = 0;      //배식횟수 계산을 위한 변수

void setup() {
  Wire.begin();                              //허스키렌즈와 통신 시작하기
  while (!huskylens.begin(Wire)){//허스키렌즈와 통신이 실패한 경우
    Serial.println("Begin failed!");
    Serial.println("1.Please recheck the I2C");
    Serial.println("2.Please recheck the connection.");
    delay(100);
  }

  lcd.begin();                    ///LCD사용을 시작하기
  lcd.backlight();                //LCD Backlight 켜기
  lcd.setCursor(0,0);             //LCD 1행, 1열에 커서셋팅
  lcd.print("Automatic");         //LCD에 message 출력
  lcd.setCursor(0,1);             //LCD 1행, 2열에 커서셋팅
  lcd.print("Feeding!!");         //LCD에 message 출력

  servo.attach(servo_pin);        //서보모터 초기화하기
  servo.write(90);                //서보모터 90도 회전하기

  pinMode(button_pin,INPUT_PULLUP); //버튼 핀모드 설정하기

  Serial.begin(9600);
}
```

```
void loop() {
  //허스키렌즈가 연결되어 있지 않은 경우
  if (!huskylens.request()){
    Serial.print("Fail to request data from HUSKYLENS, ");
    Serial.println("recheck the connection!");
  }
  //허스키렌즈가 학습되지 않은 경우
  else if(!huskylens.isLearned()){
    Serial.print("Nothing learned, press learn button ");
    Serial.println("on HUSKYLENS to learn one!");
  }
  //허스키렌즈에 인식할 물체가 없는 경우
  else if(!huskylens.available()){
    Serial.println("No block or arrow appears on the screen!");
  }
  else {
    Serial.println("###########");
    //허스키렌즈에 인식할 물체가 있는 경우
    while (huskylens.available()){
      HUSKYLENSResult result=huskylens.read();//인식한 data읽어오기
      printResult(result);              //읽어온 결과값 출력하기
    }
  }
```

```
  int val=digitalRead(button_pin);  //버튼값 읽어오기
  Serial.println(String("bt:")+val);
  if(!val){                         //버튼이 눌린 경우(배식재시작)
    eating_number=0;                //배식횟수 0으로 초기화

    lcd.clear();                    //LCD에 출력된 문자 지우기
    lcd.setCursor(0,0);             //LCD 1행,1열에 커서셋팅
    lcd.print(eating_number);       //LCD에 message 출력
    lcd.setCursor(0,1);             //LCD 1행,2열에 커서셋팅
    lcd.print("eating...");         //LCD에 message 출력

  }
}
```

```
void printResult(HUSKYLENSResult result){
    //허스키렌즈가 frame(block)을 인식하여 데이터를 읽어온 경우
    if (result.command == COMMAND_RETURN_BLOCK){
        Serial.println(String("ID : ")+result.ID);
        if(result.ID == 1){                    //등록된 ID가 1인경우
            if(eating_number <= 3){            //배식된 횟수가 3이하인 경우
                eating_number++;               //배식횟수 1증가
                Serial.println(eating_number);
                lcd.clear();                   //LCD에 출력된 문자 지우기
                lcd.setCursor(0,0);            //LCD 1번째, 1라인에 커서셋팅
                lcd.print(eating_number);      //LCD에 message 출력
                lcd.setCursor(0,1);            //LCD 1번째, 2라인에 커서셋팅
                lcd.print("eating...");        //LCD에 message 출력

                servo.write(0);                //서보모터 0도로 회전
                delay(1000);                   //1초 정지
                servo.write(90);               //서보모터 90도로 회전
            }
            delay(5000);
        }
    }
}
```

5. 보드와 포트 설정하기

가. [툴] → [보드] → [Arduino Uno]을 선택합니다.

나. [툴] → [포트] → [COM9(Arduino Uno)]을 선택합니다.

6. 컴파일 및 업로드하기

가. [확인] 버튼을 눌러 컴파일을 수행합니다.

나. [업로드] 버튼을 눌러 업로드합니다.

3 메이킹

아두이노 장착 사진입니다.

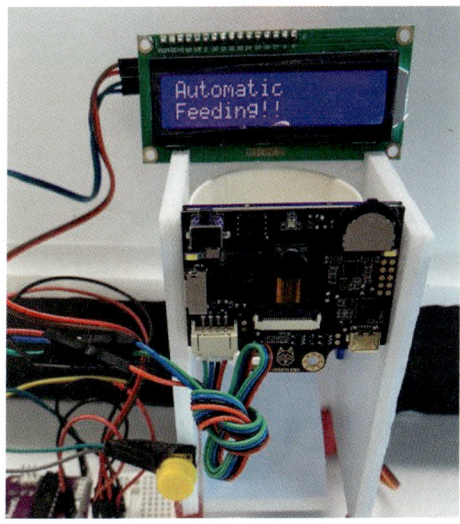

고양이가 밥을 먹기 전이네요.

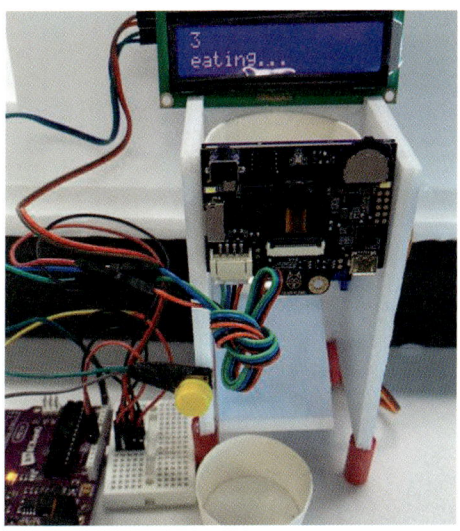

레비 고양이가 3번이나 밥을 먹었네요~
이제 다시 세팅이 되었어요.

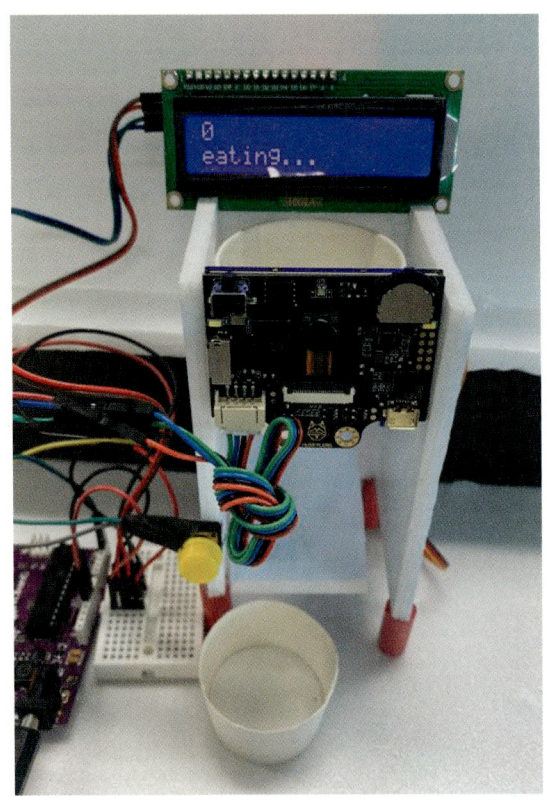

MEMO

허스키렌즈 설정 및 펌웨어 업데이트하기

허스키렌즈는 이미지를 처리하기 위한 복잡한 알고리즘을 내장하고 있기에 간단한 절차를 거쳐 이미지 인식 기능을 인공지능 프로젝트에 적용할 수가 있습니다.
이 장에서는 허스키렌즈의 기본 사용법 및 설정 방법을 알아봅니다. 이 책은 펌웨어 버전 V0.5.1을 기준으로 작성되었습니다.

허스키렌즈 설정 및 펌웨어 업데이트하기

1 허스키렌즈란?

허스키렌즈는 이미지 인식 알고리즘이 탑재된 비전(vision) 센서(sensor)입니다. 얼굴 인식, 사물 추적, 사물 인식, 라인 추적, 색상 인식, 태그(QR 코드) 인식, 및 사물 분류 등 7가지 내장 기능을 가지고 있습니다.

또한 UART/I2C 포트를 통해 아두이노, 마이크로비트, 라즈베리파이, 라떼판다 등의 보드와 연결하여 사용이 가능합니다.

1. 허스키렌즈 알아보기

1. 허스키렌즈의 사양

프로세서	Kendryte K210
이미지센서	SEN0305: OV2640 (200만 화소 카메라) SEN0336: OV5640 (500만 화소 카메라)
공급 전압	3.3~5.0V
소비 전류(typ)	320mA@3.3V 230mA@5.0V(얼굴 인식 모드; 80% 백라이트 밝기; 채우기 조명 끄기)
연결 인터페이스	UART, I2C
화면	320×240 해상도의 2.0인치 IPS 화면
내장 알고리즘	얼굴 인식, 사물 추적, 사물 인식, 라인 추적, 색상 인식, 태그 인식, 사물 분류
크기	52×44.5mm

2. 허스키렌즈의 외관

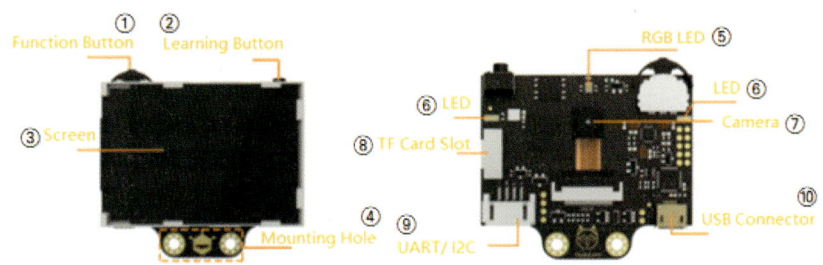

1	Function Button(기능 버튼)	기능 선택(다이얼링) 및 2단계 메뉴 설정 모드 진입(길게 누르기) 시 사용 - 얼굴 인식, 사물 추적, 사물 인식, 라인 추적, 색상 감지, 태그 감지, 사물 분류, 일반 설정
2	Learning Button(학습 버튼)	1차원 학습(짧게 누르기) 및 3차원 학습(길게 누르기) 시 사용
3	Screen(화면)	메뉴 디스플레이 및 카메라 모니터링 가능
4	Mounting Hole(장착 구멍)	다른 장치에 연결하기 위한 구멍
5	RGB LED	얼굴 인식 모드에서만 사용 - 파랑: 얼굴 감지(학습 전) - 노랑: 학습 중 - 초록: 얼굴 감지(학습 후)
6	LED	어두울 때 조명으로 사용 가능(ON/OFF, 1~100) 기본값은 OFF이며 기본 밝기는 50
7	Camera(카메라)	2.0 메가 픽셀 카메라 (SEN0305 허스키렌즈 기준)
8	TF Card Slot	현재 화면 또는 학습 모델을 SD 카드에 저장할 수 있음
9	UART/I2C	타 장치와 연결 인터페이스(4 pin)
10	USB Connector	전원 공급 및 펌웨어 업그레이드 시 컴퓨터 연결용

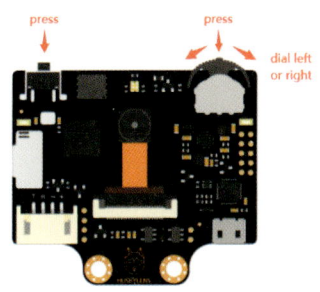

3. 허스키렌즈의 일반 설정

① 기능 버튼(다이얼)을 돌려 가장 오른쪽 끝의 "General Settings"가 보이면 기능 버튼을 짧게 눌러서 들어갑니다. "General Settings" 메뉴에는 [Save & Return][Protocol Type][Screen Brightness][Menu Auto-hide][LED Light][LED Brightness][RGB Light][RGB Brightness][Factory Reset][Version][Language]가 있습니다.

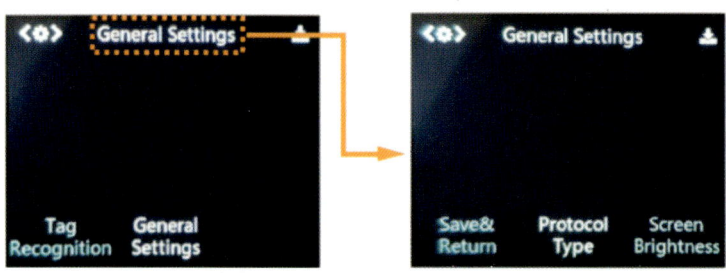

② 기능 버튼을 돌려 원하는 매개변수가 보이면 기능 버튼을 짧게 눌러 선택하고 또다시 기능 버튼을 돌려 매개변수값을 조정합니다. 원하는 값에서 기능 버튼을 짧게 눌러 선택합니다.
매개변수를 다 조정하였으면 기능 버튼을 왼쪽으로 돌려 "Save & Return"을 선택한 후 기능 버튼을 짧게 누릅니다. "Do you save data?/저장하시겠습니까?"라고 물으면 "Yes/예"를 선택하여 저장하고 종료합니다(기본값은 "Yes/예"입니다).

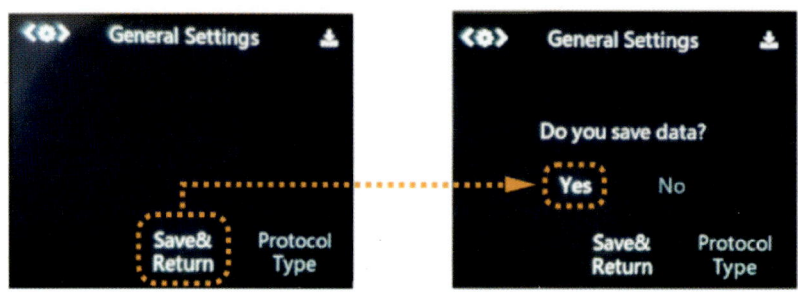

Parameters / 매개변수	설명	기본값
Protocol Type	- UART(9600, 115200, 1000000 전송 속도) 및 I2C 프로토콜을 지원 - UART와 I2C 사이를 자동으로 전환 지원	auto-detection/자동 감지
Screen Brightness	1~100의 밝기 지원	80
Menu Auto-hide	- 일정 시간 동안 조작하지 않으면 화면의 메뉴가 자동으로 사라짐 - 1~100초 사이 선택 가능	10초
LED Light	ON/Off 선택 가능	OFF
LED Brightness	1~100의 밝기 지원	50
RGB Light	ON/Off 선택 가능 - 현재는 얼굴 인식 기능에서만 사용됨	ON
RGB Brightness	1~100의 밝기 지원	20
Factory Reset	공장 설정으로 재설정 가능	-
Version	펌웨어의 버전 표시	-
Language	중국어와 영어 지원	영어

2. 허스키렌즈 사물 인식(Object Recognition) 학습시키기

허스키렌즈는 20개의 사물을 인식할 수 있습니다. 비행기, 자전거, 새, 보트, 병, 버스, 자동차, 고양이, 의자, 소, 식사 가능, 개, 말, 오토바이, 사람, 화분, 양, 소파, 기차, TV 인식이 가능합니다.

1. 단일 사물 인식
① 기능 버튼을 돌려 "Object Recognition"을 선택합니다.
② 사물을 감지하면 허스키렌즈가 자동으로 20개의 사물 중 가장 근접한 사물로 흰색 상자에 표시합니다.

③ "+" 기호를 사물로 향한 다음 "학습 버튼"을 짧게 누릅니다. 누르면 상자의 색상이 흰색에서 파란색으로 바뀌고 사물 이름과 ID 번호가 화면에 나타납니다.

화면 중앙에 노란색 "+" 기호가 없으면 허스키렌즈가 이미 사물을 학습했음을 의미합니다. 이때 학습 버튼을 누르면 다음과 같이 팝업창이 뜹니다. 카운트다운이 종료되기 전에 학습 버튼을 다시 짧게 누르면 이전에 학습된 내용은 삭제됩니다.

2. 다중 사물 인식

① 기능 버튼을 돌려 "Object Recognition" 선택 후 "Learn Multiple"을 활성화합니다.

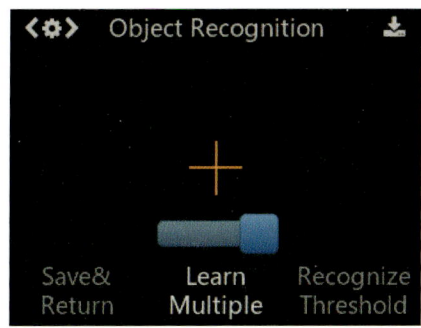

② 이제 다양한 사물을 학습시킵니다. 사물에 "+" 기호를 가리킨 다음 "학습 버튼"을 짧게 눌러 사물을 학습시키고 나면 "계속하려면 다시 클릭하십시오! 완료하려면 다른 버튼을 클릭하십시오"라는 메시지가 표시됩니다. 다음 사물을 학습시키려면 카운트다운이 끝나기 전에 "학습 버튼"을 짧게 누르면 다른 사물을 학습시킬 수 있습니다. 학습을 종료하려면 "기능 버튼"을 짧게 누르거나 카운트다운이 끝날 때까지 기다립니다.

③ ID 번호는 사물을 학습하는 순서와 관련이 있습니다. 예를 들어, 개가 처음으로 학습되고 고양이가 두 번째로 학습되는 경우, 개가 인식되면 "dog: ID1"이라는 단어가 화면에 표시됩니다. 고양이가 인식되면 "cat: ID2"라는 단어가 화면에 표시됩니다.

② 허스키렌즈 펌웨어 업데이트하기

허스키렌즈의 펌웨어 버전이 0.5.1a 이상인 경우에 사물 분류 기능을 사용할 수 있습니다. 추가되는 기능들을 사용하기 위해서는 펌웨어를 최신으로 업데이트해야 합니다.
펌웨어 버전을 확인하는 방법은 아래와 같습니다.

1. 기능버튼을 끝까지 돌려서 General Settings 이 나오면 짧게 기능 버튼을 눌러 선택합니다.
2. Version이 보일 때까지 기능 버튼을 돌립니다.

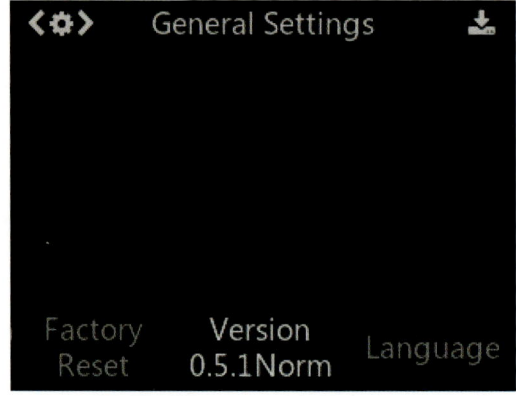

이 책에서는 윈도우 기반으로 펌웨어 업데이트 방법을 알려 드립니다.

펌웨어 업데이트를 위해 HuskyLens Uploader 소프트웨어를 사용할 것을 권합니다.

1. 아래 사이트를 접속해서 HuskyLens Uploader 소프트웨어를 다운로드합니다.
   https://github.com/HuskyLens/HUSKYLENSUploader 사이트에 접속하여 HUSKYLENS Uploader-V2.1.zip 파일을 다운로드 후 압축을 풀어 줍니다.

2. USB to UART 드라이버를 다운로드 받아 설치해 주세요.

https://www.silabs.com/products/development-tools/software/USB-to-uart-bridge-vcp-drivers

드라이버 설치 후 microUSB 케이블을 사용하여 HUSKYLENS의 USB 포트를 연결할 수 있습니다. 이때 장치관리자를 실행하면 "Silicon Labs CP210x"로 시작하는 COM 포트가 있어야 합니다.

3. 최신 펌웨어를 다운로드받으세요.
   깃허브(GitHub)에 모든 버전의 펌웨어가 있습니다.
   2022년 8월 기준으로 HUSKYLENSWithModelV0.5.1aNorm.kfpkg 를 받으면 됩니다.
   https://github.com/HuskyLens/HUSKYLENSUploader

4. HUSKYLENS Uploader-V2.1.exe 소프트웨어를 검은색 cmd창이 먼저 나타나고 잠시 후 인터페이스 창이 나타납니다. 아래와 같은 화면이 나오면 "Select File" 버튼을 눌러 파일을 선택합니다.

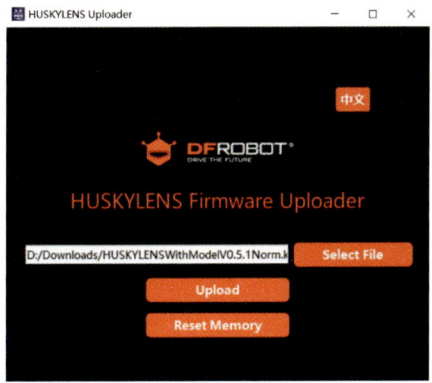

5. "Upload" 버튼을 선택합니다. 업로드가 완료될 때까지 약 5분 정도 기다립니다. 업로드가 완료되면 "Uploading"이라는 메시지가 사라지고 HuskyLens 화면이 나타납니다. 업로드 중에는 인터페이스 창과 작은 검은색 cmd창을 닫지 않습니다.

1. 허스키렌즈의 COM 포트를 수동으로 입력하라는 메시지가 표시되면 컴퓨터에 설정된 허스키렌즈의 COM 포트를 수동으로 입력해야 합니다. COM 포트는 장치 관리자에서 확인할 수 있습니다.
2. 펌웨어 업로드에 실패하거나 허스키렌즈의 화면이 켜지지 않으면 "Reset Memory" 버튼을 클릭합니다. 잠시 후 허스키렌즈가 재설정됩니다. 펌웨어를 다시 업로드합니다.